拍摄方法与操作密码

PAISHE FANGFA YU CAOZUOMIMA

数码摄影Follow Me

李继强 主编

U0343222

黑龙江美术出版社

图书在版编目（CIP）数据

数码摄影follow me：拍摄方法与操作密码/ 李继强主编

哈尔滨：黑龙江美术出版社, 2011.6

ISBN 978-7-5318-3102-0

Ⅰ.①数… Ⅱ.①李… Ⅲ.①数字照相机：单镜头反
光照相机－摄影技术 Ⅳ.①TB86②J41

中国版本图书馆CIP数据核字(2011)第095999号

《数码摄影Follow Me》丛书编委会

主　编 李继强

副主编 曲晨阳　张伟明

编　委 臧崴臣　张东海　周　旭　何晓彦
　　　　唐儒郁　李　冲

责任编辑 曲家东

封面设计 杨继滨

版式设计 杨东波

数码摄影Follow Me

拍摄方法与操作密码

PAISHE FANGFA YU CAOZUOMIMA　李继强/主编

出版 黑龙江美术出版社

印刷 辽宁美术印刷厂

发行 全国新华书店

开本 889×1194　1/24

印张 9

版次 2013年8月第1版 · 2013年8月第1次印刷

书号 ISBN 978-7-5318-3102-0

定价 50.00元

>>>>>>>>>>>>>>>> Preface 序

　　我认识作者很多年了。他是摄影教师，听他的课，深入浅出，幽默睿智，那是享受；他是摄影家，看他的作品，门类宽泛，后期精湛，那是智慧；他还是个高产的摄影作家，我的书架上就有他写的二十几册摄影书，字里行间，都是对摄影的宏观把握。拍摄过程中的点点滴滴听他娓娓道来，新颖的观念，干练的文笔，以及对摄影独到认识，看后那都是启发。

　　这次邀我为他的这套丛书写序。一问，明白了他的意思，是从操作的角度给初学者写的入门书，专家写入门书，好啊，现在正好需要这样的专家！

　　"数码相机就是小型计算机"，"操作的精髓是控制"，"学摄影要过三关，工具关、方法关、表现关"，我同意作者这些观点。随着生活水平的提高，科技的发展，数字技术的突飞猛进，摄影的门槛降低了，拥有一架数码单反相机是个很容易的事，但是，拿到它之后怎样使用却让人们不得其门而入，摆在初学者面前的，就是如何尽快熟悉掌握它，《C派摄影操作密码》、《N派摄影操作密码》、《后期处理操作密码》……都是作者为初学者精心打造的。作者站在专家的高度，鸟瞰整个数码单反家族，从宏观切入，做微观具体分析，在讲解是什么的基础上，解释为什么操作，提供方法解决拍摄中的问题，引导新手快速入门。

　　把概念打开，术语通俗，原理解密，图文并茂，结合实战是这套丛书的特点之一。

　　风光、花卉、冰雪、纪念照，把摄影各个门类分册来写，不是什么新鲜事，新鲜的是——作者站的高度，就像站在一个摄影大沙盘前，用精炼的语言勾画一些简明的进攻线路。里面有拍摄的经过，构思的想法，操作的步骤，实战的体会。

　　本丛书帮助初学者理清了学习数码单反相机的脉络，作为一个摄影前辈，指导晚辈们少走很多弯路。作者从摄影的操作技术出发，图文并茂的给予读者以最直观的学习方法，教会大家如何操作数码单反，如何培养自己的审美，如何让作品更加具有艺术气息。"从大处着眼，从小处入手"，切切实实能让初学者拍出好照片。

　　不止是摄影，待人接物更是如此，作者是这么说的，也是这么做的，更是这样要求学生的。初学者要明确自己的拍摄目的，找准道路，用对方法，并为之不懈努力，发挥想象力不断去创新，才能收获成功！

　　几千万摄影人在摄影的山海间登攀遨游，需要有人来铺设一些缆索和浮标。

　　一个年近六旬的老者，白天站在三尺讲桌前，为摄影慷慨激昂，晚间用粗大的手指在键盘上敲击，"想为摄影再做点什么"，是作者的愿望。摄影需要这样的奉献者，中国的数码摄影事业需要这样的专家学者。

中国数码摄影家协会主席　李济山

前言

　　拍摄方法是数码摄影中很重要的一个环节，在拍摄方法里要解决很多摄影的基本问题。

　　首先，是解决画面的选择问题。不同的被摄体采用什么样的画幅表现形式是很多人关心的，形式和内容是一对范畴，给内容选择一个恰当的表现形式，看似简单，里面包含着对题材的理解，对画面内涵的阐述及表达。

　　其次，是解决曝光问题。画面的明暗是由曝光量决定的，现在的数码相机自动曝光技术很先进，可在光线复杂的室内及恶劣天象下，曝光就需要人为控制，还有，就是当摄影人有某些想法和表现意图时，如何控制画面的曝光量，是操作时都必须考虑的，不管你采用哪种拍摄方法。

　　再次，是解决色彩问题。我们生活在色彩的世界里，摄影的表达也离不开色彩。数码相机控制色彩有一套方法，一般情况下是可以达到准确的，当然，还原的是客观色彩，摄影人的表现意图有时候需要主观色彩的参与，照片风格、优化校准、白平衡偏移等都是拍摄操作时的手段。

　　还有，是解决构图问题。选择拍摄方法时要思考景别的大小、拍摄方向、拍摄高度、拍摄距离、拍摄角度及画面如何布局，这是操作的基本思路之一。

　　最后，还要说一下，就是如何挖掘相机的性能和功能潜力的问题。几乎所有的拍摄方法都建立在对相机性能和功能的理解上，都建立在快速熟练的操作上，如何在拍摄现场运用相机的性能和功能进行技术思维是摄影人的基本功。

李建强

导读

　　谈拍摄方法，有两个角度，一个是宏观的，是站在摄影的总的高度上俯瞰，我归纳出来11类大的拍摄方法，供不同的摄影人来领会和选择；另一个角度，是建立在工具的潜能发挥上，从具体的镜头在拍摄方法中的作用和操作方法，到相机功能在拍摄方法中的运用，给出思考点。不同的题材采取的拍摄方法是不一样的，我介绍了常用的30几种题材的拍摄要点和操作方法，里面还包括拍摄方法和拍摄技术的自我训练。

本书10大特色：

1. 俯瞰数码摄影的拍摄方法，便于宏观把握和选择。
2. 针对每种拍摄方法给出通俗的定义和要点，便于理解和记忆。
3. 讲解不同镜头在拍摄方法里的作用，便于操作。
4. 讲解拍摄方法与速控屏幕里功能的操作思考点。
5. 针对不同的拍摄题材，讲清楚拍摄的方法和技巧。
6. 分析不常见的拍摄题材，谈出操作体会和注意。
7. 语言简练，少说废话，条理化，有利于记忆。
8. 图片优美，给出拍摄数据，提供参考。
9. 给新手设计了拍摄方法的自我训练方案。
10. 版式设计简洁、规范、易读。

目录

第一章 Chapter one

拍摄方法的宏观点拨

一、抓拍——摄影拍摄方法的基础　012
  1. 什么是抓拍?　012
  2. 抓拍的三要素与五字诀　013
    要保证一个"稳"字　013
    要做好一个"准"字　013
    要记住一个"快"字　013
    要把功夫下在"摸"字上　013
    要仔细观察"找"角度　013
    要耐下心来"等"高潮　014
    要调动身心"抢"时机　014
    要全力以赴"抓"瞬间　014
  3. 设置相机提高抓拍质量的 10 要点　015
    选择尽可能高的拍摄速度　015
    图像尺寸设定到最大　015
    使用安全快门　015
    打开防抖　015
    合理运用自动对焦　015
    尝试使用自动包围　015
    选择 RAW　015
    选择 Adobe RGB　015
    经常使用曝光补偿　015
    注意测光方式　015
二、摆拍——从容不迫的拍摄方法　016
  1. 什么是摆拍?　016
  2. 人像纪念照片的摆拍　017
    取景考虑意义　017

构图注意美感　017
考虑视线方向　017
光线选择顺光　017
瞬间关注眼睛　017
镜头多用中焦　017
虚化背景谨慎　017
人像模式操作　017
  3. 集体合影的摆拍要点　019
  4. 旅游纪念照的拍摄要点　020
    准备好必须的摄影器材　020
    观察，取景，构图　020
    合理使用光线　020
    正确使用对焦方法　020
    画面做到新、活、美　020
三、自拍——把自己拍进画面的拍摄方法　022
  1. 利用小三角架的方法　022
  2. 利用遥控器的拍摄方法　022
  3. 利用自拍的延时控制　022
四、偷拍——隐蔽拍摄意图的拍摄方法　023
  1. 什么是偷拍?　023
  2. 偷拍的操作要点　023
    隐蔽第一　023
    欲擒故纵　023
    守株待兔　023
    浑水摸鱼　023
    广角刺激　023
    长焦稳健　023
    攻心为上　024

暗渡陈仓 024
暗偷不如明抢 024
走为上 024
3. 偷拍的技术支持 025
五、盲拍——眼睛不看被摄体的拍摄方法 026
1. 什么是盲拍? 026
2. 盲拍技巧的 7 个要点 026
使用广角镜头 026
只使用特定焦段来训练 026
用中央自动对焦点对焦 026
使用最佳光圈 026
训练单手拍摄的稳定度 026
训练对拍摄角度的敏感力 026
盲拍不是只针对人物 026
3. 盲拍的 4 种状态 027
眼睛不看被摄体的盲拍 027
低角度手握盲拍 027
手持高角度盲拍 027
挂在胸前的盲拍 027
六、连拍——多拍优选的拍摄方法 028
1. 什么是连拍? 028
2. 连拍的具体操作 028
3. 连拍时的注意 028
七、等拍——关注事物发展的拍摄方法 029
1. 什么是等拍? 029
2. 等拍的五大元素 029
等瞬间 029
等元素 029
等变化 029
等光线 029
预料事件的发展 030
八、试拍——发挥数码优势的拍摄方法 031
1. 什么是试拍? 031
2. 曝光试拍,培养对画面明暗的感觉 031
相机说话层面 031
干涉曝光层面 031
熟练控制层面 032
3. 色彩试拍,加强对画面色彩的理解 033
4. 虚实试拍,熟练对画面景深的控制 034

5. 瞬间试拍,对拍摄时机的快速反应 035
6. 测光试拍,检验不同测光模式效果 036
7. 构图试拍,把创意与构思变成画面 037
九、追拍——突出和制造动感的拍摄方法 038
1. 什么是追拍? 038
2. 平行追随的技巧 038
3. 变焦追随的技巧 039
十、乐摸(LOMO)
——随心所欲的拍摄方法 040
1. 什么是 Lomo? 040
2. Lomo 的 10 大原则 040
3. Lomo 也是一种选择 040
十一、慢拍——把握时间的拍摄方法 041
1. 什么是慢拍? 041
2. 让速度慢下来的 8 个技巧 041
把光圈变小 041
改变 ISO 感光度 041
镜头前加灰镜 041
利用阴影 041
利用天象 041
夜间 041
后期处理 042
滤镜的方法 042

第二章 Chapter two

镜头在拍摄时的使用方法

一、定焦镜头的操作技巧 044
1. 用定焦拍出浅景深的虚化效果 046
2. 用定焦的大光圈拍人像 047
3. 定焦在暗光环境下的拍摄机会 048
4. 用定焦的小光圈拍风景 049
5. 用标准定焦拍集体合影 050
应选用标准镜头 050
光圈和快门速度的选择 050
使用三脚架和遥控器 050

避免前后排遮挡，前后排梯度要大 051
光线的选择 051
焦点选择 051
提醒注意 051
多拍几张 051
6. 用长焦距的定焦镜头打鸟 052
要保持相机稳定 052
合理设置相机功能 052
预测事件的发展很重要 052
7. 增倍镜的使用常识 054
二、变焦镜头的操作技巧 056
三、微距镜头的操作技巧 058
四、超广角镜头的操作技巧 061
五、中焦镜头的操作技巧 063
六、长焦镜头的操作技巧 065
七、鱼眼镜头的操作技巧 068
八、移轴镜头的操作技巧 070
技巧1：拍摄出长腿美女 072
技巧2：如同微缩模型般的风景 072
技巧3：补偿建筑物的变形 074
技巧4：对纵深更有效地合焦 074
技巧5：有趣的全景接片 075

11. 设置白平衡的经验 089
12. 设置测光模式的经验 089
13. 设置图像记录画质的经验 090
14. 设置自动对焦模式的经验 090
二、拍摄方法与照片风格 091
三、拍摄方法与曝光模式 093
全自动档的拍摄方法 093
CA档的拍摄方法 094
P档的拍摄方法 095
A档的拍摄方法 097
S档的拍摄方法 099
M档的拍摄方法 100
四、包围曝光的拍摄方法 101
五、拍摄方法与曝光补偿 102
六、拍摄方法与自动曝光锁 104
七、拍摄方法与测光模式 106
评价测光操作 106
局部测光操作 106
点测光操作 106
八、拍摄方法与白平衡 108
九、拍摄方法与感光度 110
十、拍摄方法与闪光灯 111
十一、拍摄方法与自动对焦 113
十二、拍摄方法与画面质量 115
相机设置与画面质量的7个选择 115
1. 选择RAW图像格式 115
2. 选择最大像素 116
3. 选择最佳光圈 116
4. 选择较快的快门速度 116
5. 选择曝光模式 116
6. 选择测光模式 116
7. 选择照片风格 116
从操作的角度来提高拍摄品质的手段 116
1. 稳定的相机 116
2. 反光镜预升 116
3. 实时拍摄的屏幕取景 116
4. 理解镜头 116
5. 较低的感光度 116
6. 合适的曝光量 116

第三章 Chapter three

发挥相机功能的拍摄方法

一、拍摄方法与速控屏幕 083
1. 设置快门速度的经验 084
2. 设置光圈值的经验 084
3. 设置ISO的经验 085
4. 设置高光色调优先的经验 085
5. 设置拍摄模式的经验 086
6. 设置曝光补偿的经验 086
7. 设置包围曝光的经验 087
8. 设置闪光曝光补偿的经验 087
9. 设置自动对焦点的经验 088
10. 设置照片风格的经验 088

7. 合理的用光   116
8. 附件的合理使用   116

第四章 Chapter four

各种题材的拍摄方法

拍冰花的10项注意   121
1. 使用微距镜头   121
2. 观察和想象   121
3. 对焦距离   121
4. 选择光线   121
5. 正确曝光   121
6. 相机设置   121
7. 重视构图   121
8. 学会表现   121
9. 思考标题   121
10. 后期强化   121
用单色拍雪雕时的相机设置技巧   123
调整滤镜出效果   123
调整色调出效果   123
佳能相机的操作方法   123
尼康相机的操作方法   123
小品摄影成功的8要素   125
1. 明确内涵   125
2. 题材广泛   125
3. 讲究光线   125
4. 构图严谨   125
5. 注意瞬间   126
6. 营造意境   126
7. 熟练操作   126
8. 标题合适   126
树木题材拍摄方法的要点   128
摄影画面里树木的作用   128
拍摄不同光线下的树木   128
拍摄一年中不同季节的树木   128

拍摄树木的不同造型形态   128
利用天象拍摄树木   128
云霞题材拍摄方法的8个要点   130
1. 注意云的形状   130
2. 合理利用偏色   130
3. 抓紧拍摄时机   130
4. 选择典型前景   130
5. 了解拍摄地点   130
6. 构图突出天空   130
7. 调整曝光组合   130
8. 人物适当补光   130
风光题材拍摄方法的8个技巧   132
技巧 1. 控制光圈   132
技巧 2. 控制快门   134
技巧 3. 寻找前景   136
技巧 4. 控制背景   138
技巧 5. 理解色彩   140
技巧 6. 提高画质的偏振镜   142
技巧 7. 保证画质的三脚架   144
技巧 8. 基本技巧与能力   145
从青蛙角度拍作品的7个技巧   147
把你的相机放低   147
从低角度拍摄用广角镜头   147
理解光圈和景深   147
注意相机的水平   147
天空曝光问题   147
选择前景   147
试验的思路   148
"打鸟"的拍摄方法   149
谨慎选择鸟类摄影主题   149
长焦距镜头的使用   149
画面景深的控制技巧   149
稳定相机的技巧   151
闪光灯的使用技巧   151
"等拍法"拍鸟   152
"连拍法"拍鸟   152
瀑布拍摄的两种方法   154
溪流拍摄的6项注意   155
选择拍摄地点   155

最好晴天拍溪流　　　　　155
取景角度产生不同情调　　156
凝固还是虚幻　　　　　　156
相机功能的设置　　　　　156
构图要灵活　　　　　　　157
小船的拍摄方法　　　　　158
日出的拍摄方法　　　　　159
夕阳的拍摄方法　　　　　165
1. 选择高点拍　　　　　165
2. 选择水边　　　　　　166
3. 选择多云　　　　　　167
4. 选择前景　　　　　　167
5. 选择相机设置　　　　167
建筑的拍摄方法　　　　　168
低调摄影拍摄方法　　　　170
地貌的拍摄方法　　　　　172
喀斯特地貌的拍摄方法　172
泥林地貌的拍摄方法　　173
微距摄影方法　　　　　　174
追随拍摄方法　　　　　　176
烟花的拍摄方法　　　　　177
秋天红叶的拍摄方法　　　180
车展的摄影方法　　　　　183
磨磨你的拍摄技术　　　　187
1. 基本技术是拍摄方法的基础　187
2. 徘徊期，搞创作的都有过　188
3. 拍摄方法 12 磨　　　189
拍摄方法的自我训练　　　193
1. "虚化"拍摄方法的流程　194
2. 你掌握了多少种拍摄方法?　195
3. 拍摄方法的 10 大基本功　195
4. 拍摄方法的 6 大控制　195
拍摄方法，美的感觉提炼　196
1. 美的感觉：清晰　　　197
2. 美的感觉：独特　　　197
3. 美的感觉：想像　　　198
4. 美的感觉：创意　　　198
5. 美的感觉：视觉美点　199
6. 美的感觉：空气透视　199

7. 美的感觉：变形透视　　200
8. 美的感觉：线条透视　　200
9. 美的感觉：简洁　　　　201
10. 美的感觉：压缩　　　201
11. 美的感觉：角度　　　202
12. 美的感觉：细节　　　202
13. 美的感觉：背影　　　203
14. 美的感觉：剪影　　　203
15. 美的感觉：倒影　　　204
16. 美的感觉：局部　　　204
17. 美的感觉：瞬间　　　205
18. 美的感觉：画意　　　205
19. 美的感觉：图案　　　206
20. 美的感觉：高调　　　206
21. 美的感觉：低调　　　207
22. 美的感觉：梦幻　　　207
23. 美的感觉：故事　　　208
24. 美的感觉：情绪　　　208
25. 美的感觉：虚化背景　209
26. 美的感觉：质感　　　209
27. 美的感觉：逆光　　　210
28. 美的感觉：散射　　　210
29. 美的感觉：区域光　　211
30. 美的感觉：弱光　　　211
31. 美的感觉：黑白　　　212
32. 美的感觉：动感　　　212
33. 美的感觉：框架　　　213
34. 美的感觉：留白　　　213
35. 美的感觉：曝光　　　214
36. 美的感觉：抽象　　　214
37. 美的感觉：唯美　　　215
38. 美的感觉：烘托　　　215

后记　　　　　　　　　216

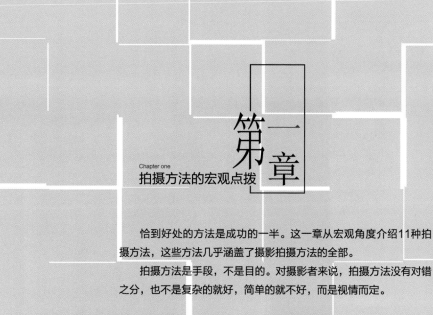

Chapter one
拍摄方法的宏观点拨

第一章

　　恰到好处的方法是成功的一半。这一章从宏观角度介绍11种拍摄方法，这些方法几乎涵盖了摄影拍摄方法的全部。

　　拍摄方法是手段，不是目的。对摄影者来说，拍摄方法没有对错之分，也不是复杂的就好，简单的就不好，而是视情而定。

掌握恰到好处的拍摄方法是成功的一半。初学者往往心里想得很好，可是操作相机来实现想好的意图时，很多意图就实现不了，这就是缺少方法所致。

这一章从宏观角度介绍11种拍摄方法，这些方法几乎涵盖了摄影拍摄方法的全部。

拍摄方法是手段，不是目的。掌握方法的目的是为了表现，为了实现事实信息和情感信息的传达。

对摄影者来说，拍摄方法没有对错之分，只有合适与否。也不是复杂的就好，简单的就不好，而是视情而定。

一、抓拍 ——
摄影拍摄方法的基础

1.什么是抓拍?

抓拍是摄影人的一项基本功，是一种快速拍摄的方法，几乎所有的作品都和抓拍有关系。

难度小一点，温和一些的抓拍，如会议、表演、婚礼、聚会、游戏等；难度大的，激烈一些的，如战争、灾难、运动比赛、突发事件等。

抓拍是在不干涉拍摄对象活动情况下拍摄的方法。

由于被拍摄对象处于自然的运动状态下，扑捉那些稍纵即逝的瞬间，就成为摄影要解决的主要难题。

抓拍解决的是如何进行快速拍摄的问题，追求的是自然状态，是自然的情感流露。

抓拍成功的画面，形象生动、自然逼真，而且还要有一定的审美性，这就要求摄影者基本功要过硬，要目的明确，思维敏捷，机动灵活，当机立断，否则就会错过拍摄良机。

《交流》摄影 唐儒郁

拍摄数据: Nikon D80 F 10 1/2 500 秒 ISO320

P 档 白平衡 自动 曝光补偿 -1

2.抓拍的三要素与五字诀

要保证一个"稳"字

稳定的心态，不急不躁，不管拍摄现场发生什么，作为摄影人要冷静的做"事件的旁观者"，不受现场情节所左右。观察要专注，注意被摄体的变化，注意被摄体与环境的关系，判断事件的意义。

持机要稳，不要因为发现而激动，在愤怒、惊讶、同情等心态下，保持相机的稳定性，得到清晰的照片。

要做好一个"准"字

要做好拍摄的各项准备：存储卡的容量还有多少？电池电力是否充足？如果有两个或以上镜头，使用哪个？镜头盖是否拿下？

摄影包及随身物品是否安全？还要观察环境是否安全，如保安、台阶、车辆、动物等。

相机是否设置好了，如自动对焦是否打开？是单张拍摄还是连拍？一般性记录拍摄用JPEG格式，当做作品创作，要设置到RAW格式。曝光模式可以用全自动档，需要现场控制用P档，这样可以随时调整曝光补偿，或控制景深，或改变快门速度。

准字的第二个含义是焦点要准确。突发事件可以用自动对焦，如果有选择的时间，可以选择"手动选择自动对焦点"的方法来精确对焦，焦点不结实的照片是失败的。

要记住一个"快"字

快速进入状态。摄影人到达拍摄现场，应该像士兵装上刺刀跳出战壕那样，时刻准备按下快门。要养成把相机的模式放在全自动档上的习惯，这样打开电源开关，就可以拍摄，而不用顾忌相机的设置。

如果拍摄现场条件恶劣，或需要隐蔽自己的拍摄意图，快速退出拍摄现场也是保护自己的方法之一。

这是我上课经常讲到的抓拍三要素，归纳成三个字"稳、准、快"好记。

《吸引》摄影 万继胜

拍摄数据：富士 S205EXR F5.3 1/600 秒 ISO 800 白平衡 自动 中央重点测光

要把功夫下在"摸"字上

摸什么？摸规律！规律是事物之间的内在的必然联系，决定着事物发展的必然趋向。因为规律是客观的，不以人的意志为转移，我们只能去理解它，适应它，找出事物的实质。

举例：如篮球比赛，该运动的实质是把球投到对方篮框里；如跳高是从横杆上越过；舞蹈结束时的"亮相"；百米跑赛是沿着直线在各自的跑道里从起点到终点等。

要仔细观察"找"角度

除非有特殊需要，一般不要站在一个地点，

快速移动、选择角度是避免作品雷同的好方法。

用长焦镜头抓拍一般要离得稍远，要选择高点。广角镜头往前凑，注意闯镜头的和人物或景物的前后重叠。

要耐下心来"等"高潮

马克思他老人家说过一句话："事物总是在发展变化的"，是的，只要运动存在总是会产生变化，发生、发展、高潮、结束，选择什么瞬间是你的事，一般规律是选择高潮，判断是否高潮，等待高潮的到来，是需要耐心的。

要调动身心"抢"时机

具有时间性的、有利的客观条件叫时机，时机也叫机会、机遇。在拍摄新闻、民俗甚至风光时，时机的到来需要摄影人眼疾手快，在熟练操作的基础上，冷静快速地按下快门。而相机的自动模式操作是简单的，可以保证操作的快速性。

看取景器用右眼，对吗？摄影人都是睁一只眼闭一只眼，对吗？都没错。喜欢抓拍的成熟的摄影人，左眼是睁开的！初学者应该从一开始就练习用两只眼去观察拍摄，这样的效果很好，时刻留心现场的动态和规避危险。很多拍摄的时机都是左眼得到的。喜欢用变焦镜头的，可以频繁改变焦距来观察现场的变化，抓住拍摄时机。当然，耳朵也别闲着，现场的广播、各种声音信息也要时刻关心。眼看、耳听、脚动、脑袋还要不停地思考，不放过任何可以捕捉的机会。

要全力以赴"抓"瞬间

自然运动的事物有成千上万个瞬间，有些瞬间是稍纵即逝的，不会重复的，截取、表现瞬间是摄影的特性之一。抓拍的观察与跑位及预料事件的发生是抓住瞬间的前提和保证。

将来科技发展到一定阶段，我一定去学习摄像，"一定阶段"是什么意思？摄像记录整个过程，如果每个停格都有相机一样的像素，只需在过程里一帧一帧剪辑就是作品，那时候摄影显得多笨啊。

说回来，当你认为的瞬间要到来时，选择连拍是个好方法，过后慢慢挑选。

"摸、找、等、抢、抓"是抓拍的五字诀，要记住啊。

《年轻的心儿》摄影 赵云祥

拍摄数据：EOS 5D Mark II F8 1/800秒 ISO640 白平衡自动

《在水一方》 摄影 肖冬菊

拍摄数据：EOS 5D Mark II F8 1/500 秒

ISO 100 曝光补偿 −1

3.设置相机提高抓拍质量的10要点

选择尽可能高的拍摄速度

可以选择速度优先的 S 档、TV 档；

可以选择场景模式里的 "运动" 档；

光线不足或室内可以提高感光度；

选择高速连拍，这也是你购买高级单反的理由。

图像尺寸设定到最大

图像尺寸有多大就设置到多大，这样可以给后期留有剪裁的余地。

使用安全快门

现在大多数摄影人多喜欢用变焦镜头，快门速度应该是焦距的倒数，如 200mm 时，快门速度应该是 1/200 秒。这样不会因为快门速度慢而把照片拍虚。

打开防抖

现在一般的变焦镜头都有防抖功能，手持拍摄时，打开防抖可以提高相当 2-4 档快门速度。

合理运用自动对焦

连续轻点快门是个好习惯，让焦点始终对在被摄体上；

养成把对焦点放在中间的习惯；

半按快门锁焦点，向一侧轻移构图；

熟练使用 "手动选择自动对焦点"；

单点自动对焦时，听见 "蜂鸣音" 就按快门，保证拍摄速度；

被摄体不规则运动，选择连续自动对焦；

尝试使用自动包围

自动包围曝光、自动包围白平衡、自动包围闪光都是提高作品质量的好方法，可以给你留出选择的余地。

选择 RAW

RAW 是不压缩文件格式，可以最大限度地发挥数码相机的性能，如果有精湛的后期做保证，这是提高作品质量的最好方法。

选择 Adobe RGB

一般的选择是 sRGB，拍摄的作品如果是选择来印刷的，可以选择 Adobe RGB。

经常使用曝光补偿

曝光补偿可以改变作品的曝光量，强调现场感，正补提高作品亮度，负补压暗作品。

注意测光方式

根据现场灵活使用测光，一般在准备时可以放在 "评价测光" 上，这是最保险的方法。

《不能忘却的"造型"》 摄影 何晓彦

拍摄数据：Nikon D80　F 10　1/2 500 秒　ISO320　P 档　白平衡 自动　曝光补偿 −1

二、摆拍——
从容不迫的拍摄方法

1. 什么是摆拍?

就是摄影师根据自己的设想，创造和设计一定的环境、一定的情节，让被拍摄者表演，最后由摄影师拍摄完成的过程。在这个过程中，摄影师往往充当导演的角色。而且，摆拍的作品往往具有更好的用光、构图、更优美的背景，更漂亮的模特，更戏剧性的情节。

所以，摆拍是有很大生存空间的，抓拍和摆拍都是摄影创作的需要，作为摄影艺术创作的手段，都具有它的特点和相应的生存空间。

摆拍的优势在于能够提供更符合摄影师的情景、画面，适用于人像摄影，广告摄影等领域。摆拍和抓拍既是对立的，有时又是统一的，摄影的艺术创作，允许摆拍和抓拍共存。

摆拍经过了一个反复，在大跃进和文革期间，利用摆拍造假之风大盛，甚至在新闻摄影界也不例外。新时期开始后，思想战线讲求实事求是，摄影界开始贬低抵制摆拍，乃至各种摆拍几乎完全被否定。进入 20 世纪 90 年代后，随着文化艺术多元化的发展，摆拍又得到应有的肯定。

2. 人像纪念照片的摆拍

为了得到高质量的纪念照，需要考虑很多问题，我来说清楚：

取景考虑意义

首先，是纪念什么？每个人的理解是不一样的，一般规律是，人生的转折点是需要纪念的，如上学、结婚等，还有孩子满月、老人生日、公司开张等，都是纪念的理由。这样的纪念照片，一般以人为主，记录人的精神面貌。

其次，在什么地方纪念？一般选择有意义的场景来进行拍摄。如果是出去旅游，最好选择当地的典型环境，如地标性建筑、风景特点浓郁的，有标志性的城徽、雕塑等，使人一看就知道是什么地方。

构图注意美感

首先，要考虑把要纪念的主体放在画面的什么地方，教课书上指导摄影师说要放在井字格的交叉点上，据说这四个点是最吸引眼球的地方，经过大量运用实践证明效果果然不错，你可以试试。其次，还要处理好人与景的关系，不能与景物重叠，犯像什么头上长树的错误。构图时人物最好占到画面的 1/3-1/2，太大了没有了要纪念的环境，人物太小了需要把照片放很大才能强调要纪念的人像。而且要注意，人物不要顶天立地，上下留有余地，一般头上的空白是脚下的一倍，这样拍出的人像照片才会生动，有视觉的冲击力，让人看着舒服。

考虑视线方向

视线的前方要留有空间，一般要比后方留有的空间大些。

光线选择顺光

尽量选择顺光去拍摄，逆光人脸发黑，达不到纪念的目的，你可以打开机顶闪光灯补光。最好选择点测光，对人脸点测光，并使用曝光锁定。因为其他测光方式容易受到环境和衣服颜色的影响，使得人脸曝光不正常。

瞬间关注眼睛

把人拍闭眼了就谈不到高质量了，解决方法可以多拍几张，可以试试连拍，按住快门按钮不抬起来，连续拍摄，可以捕捉到不同的表情和姿势，回放时，放大选择，把不理想的删除。

镜头多用中焦

最好使用变焦镜头的中焦端，拍摄半身像及特写时，背景看起来会模糊。中焦非常适合拍人像，广角端会使得人像有些变形，不好看，当然，超过 4 倍甚至更长的变焦镜头，会使得人脸过于扁平，不够生动。

虚化背景谨慎

可以选择光圈优先，选择大光圈，大光圈可以使得快门变快，减少晃动，并且使得背景尽可能的虚化。因为是以虚化背景为目的，所以主体离背景越远虚化效果越好。一般情况下，不建议虚化背景，因为环境对纪念的意义很大。

人像模式操作

该模式是通过对拍摄参数的优化，从而使拍摄出来的画面更加具有现场气氛。人像模式是将背景虚化以突出人物主体为目的来设计的，同时还对人物的皮肤和头发进行有目的的处理，显得比其他模式来得柔和，数码相机会把光圈调得较大，做出浅景深的效果，还会使用能够表现肤色效果的色调，及对比度或柔化效果进行拍摄，而且相机会轻微地降低饱和度，以便再现真实而不过分的肤色效果。

《美景·诱惑》 摄影 李继强

拍摄数据：EOS 5D Mark II　EF 24-70mm 镜头　F11　1/1 000 秒　ISO400　白平衡 自动　曝光补偿 -1

操作密码：人物与景物不能重叠；人物视线方向前面多留空间；增加负补偿使画面凝重不发飘。

3. 集体合影的摆拍要点

人与人之间不要重叠；

用变焦镜头的标准段，一般是50mm左右；

倒数3，2，1，不要闭眼；

如果是人多的大合影，焦点应对在多排的中间位置；

选择光圈优先的A模式，用最佳光圈。最佳光圈不是最大也不是最小，一般是F8，F11或F16的光圈；

镜头最好与第一排人眼等高；

取景要尽量取满，稍留一点余量；

不要试图包含背后的景色；

人占的画面较小，那不是集体合影的目的；

顺光最好，因为集体照的要求和艺术照不一样，曝光准确，没人闭眼，没有遮挡，表情自然就算非常成功了；

要根据人的衣服颜色进行曝光补偿，夏天浅色多正补，冬天深色多负补；

用三角架稳定相机，保证照片的清晰度；

难免有人会眨眼，多照几张，后期换脑袋；

姿势摆布力求自然、整齐，这是正规的大合影的基本要求。

《快乐的老年摄影班》 摄影 李继强

拍摄数据：EOS 5D Mark II F8 1/320 秒 ISO400 白平衡自动 曝光补偿 –0.7

操作密码：拍摄者用语言和肢体动作，调动被摄者情绪，摆中抓。

4.旅游纪念照的拍摄要点

生活观念的改变，旅游成为一项有意义的活动。每个来到旅游景点的人，都会情不自禁地利用手中的各种相机，把眼前的名胜古迹、山川湖海和风土民情等景物摄入镜头，更希望自己的身影也留在这一幅幅美好的画面中，以留下永久的纪念。

要想拍好旅游纪念照，让照片具有意义，需注意以下主要环节。

准备好必须的摄影器材

在外出旅游之前，应先检查相机，备用电池，多备几张存储卡，带着充电器，镜头最好是一镜走天下的变焦，如18-200mm的。

观察，取景，构图

当来到旅游景点时，不要急于忙着拍照，应先仔细观察，选好所拍画面的角度。选择的理由应该是当地的特色建筑、地标性景物，有纪念意义的车船、住所建筑、名胜景点等，你不熟悉的、陌生的、新颖的都是好画面。

构图应注意突出主题及人物留念的位置。要处理好主体与被摄景物，前景与背景的关系，不要重叠。

人物在画面中以半身或全身照为佳，一般不拍人物特写，这样主题景物画面宽广，避免了因人物过大，遮挡画面景物过多，人与景合理安排的画面，旅游照才有纪念意义。

还应注意，在构图时，尽可能避开游人聚集过多的景点，尽量使所拍画面简洁，光圈要小如F8，从而得到比较理想的照片。

合理使用光线

由于拍摄地点的不固定，实际拍摄中，不可能预先知道所用光线的情况，这给摄影带来了一定的影响，摄影是用光造型的艺术。一般来说，在自然光摄影中，用斜侧面光所拍出的照片富有立体感，这也是最常用的用光方法。

在实拍中应尽量避开正午时间。逆光摄影，会带来一些意想不到的效果，如拍水花四溢的喷泉，飞流直下的瀑布等，可以用慢门拍摄，使画面中景色更加壮观，但要注意，逆光摄影有人物时需用闪光灯补光。

正确使用对焦方法

对焦是摄影的基本功，掌握对焦方法和熟练运用才是硬道理。

可以使用先构图，后对焦的方法。这是自动对焦点手动选择的方法，是被摄主体不在画面中间，需要精确对焦时，经常使用的调焦方法。按下自动对焦选择键，用手轮调节即可。

具体操作：先选择好要拍摄的画面，然后用拨盘或方向键选择对焦点，把对焦点对准要拍摄的主体，轻点快门按钮验证，看到被选择的对焦点在被摄体上闪烁，就可以把快门按到底拍摄了。注意，要将镜头的自动对焦开关，调整到AF自动上。

画面做到新、活、美

一幅好的旅游照片，都有新、活、美的特点。所谓新，画面要有点新意，就是要有点新鲜感，不是老一套。所谓活，人物要自然生动逼真，不是呆板或故作姿态。所谓美，就是人物造型要美，要有一定的健康美感。

《鸭绿江边》 摄影 李继强

拍摄数据：EOS 5D Mark II F8 1/125 秒 ISO 100 白平衡 自动
操作密码：选择典型环境，得用景物与文字 来说明纪念的意义。

《相机的故事》 摄影 李继强

拍摄数据：EOS 5D Mark II　F11　1/1 000 秒　ISO 320　自拍 10 秒　白平衡 自动

三、自拍 ——
把自己拍进画面的拍摄方法

1.利用小三角架的方法

照相器材店有多款小三角架人民币 20 元左右，这种迷你小三角架重量非常轻，可以放在摄影包里，对于喜欢旅游的人携带方便，不是负担。想把自己拍进画面时，不用求人，掏出打开，拧上相机，按下自拍按钮，10 秒后快门释放，不满意换角度重来，乐在其中。

2.利用遥控器的拍摄方法

遥控器是不用碰快门按钮，在一定距离上释放快门的装置。稳定相机后，可以用它在 5-10 米内释放快门，把自己拍进行画面。遥控器有很多种，因为不常用，一般选择几百元的就可以。

3.利用自拍的延时控制

延时控制有两种：一是，10 秒延时，这是为了把自己拍进画面而设计的，给你留出跑位的时间。二是，2 秒延时，这是为了提高画面质量，在不碰相机的情况下释放快门，避免手接触相机引起相机晃动。

四、偷拍——
隐蔽拍摄意图的拍摄方法

1. 什么是偷拍？

偷拍的目的：追求自然的画面，自然的流露才最动人。

偷拍的对象主要是人，当然也包括动物。要隐蔽自己的拍摄意图，才能得到真实、无掩饰的画面，在镜头面前，谁能泰然自若。

在摄影的历史上，经典的"决定性瞬间"绝不是摆出来的，大多数来自抓拍和偷拍。

2. 偷拍的操作要点

隐蔽第一

"要想钓鱼，首先不能把鱼惊走"

照相机与衣服的颜色最好统一，摄影人的穿着要低调；

把快门声关掉；

不要使用闪光灯；

把自己淹没在人群里，不要引起注意。

行为掩护

用"漫不经心"来掩护

动作一定要散漫；

装作和旁人说话；

做"菜鸟状"不停把玩相机；

分散对方注意；

制造与拍摄对象没有关联的感觉；

"声东击西"预先将相机对往别处；

用双眼余光观察被摄体。

欲擒故纵

一旦被发现，故意让对方明确你已准备彻底放弃，转过身体假装拍摄其他东西，就在被摄对象放松的一瞬，迅速回身下手！

守株待兔

像狙击手一样，对目标可能出现的位置预调参数静待其现身。

不要直视你准备拍的人，眼神交流会使别人立即注意到你。

浑水摸鱼

如果你天生胆小，那么去混乱场面偷拍吧！

人多嘈杂的公共场所，如风景区、演出、颁奖典礼、时装表演、联欢会，通常没人会在意你的存在。

当然，你要装得煞有介事并镇定自若。

广角刺激

偷拍是一种直觉的空间抽取，现场对你的刺激和事后别人看你照片的感受往往相去甚远，照顾事件发生的环境空间很重要；

广角镜头具有更大的视场和景深，更能交待环境，信息量大，所以大师们多用广角头来偷拍；

再靠近一点。

长焦稳健

对于单反相机，熟悉常用焦距段的视场范围，凭感觉迅速将变焦镜头推至所需位置瞬时完成构图，或借助变焦头的焦距刻度来预设焦

《偷拍者》 摄影 何晓彦

拍摄数据：Nikon D300　18-200mm 镜头　F4.8　1/320 秒　白平衡 自动

距段，将大大提升你的偷拍效率；

偷拍要以速度取胜，往往不可能瞬时做到构图精确，所以要尽量留出取景余量，宁空勿满，用变焦会好一点；

在需要的背景前，找好位置，等待；

长焦离被摄体较远，有一定的回旋余地，也安全些。

攻心为上

直觉的反应最重要，快、准、狠，一个都不能少。万一被发现了，用你的诚意和执著去打动对方博取理解。

不打不相识，难说你们还可能成为朋友。

暗渡陈仓

目标太明显不易靠近时，你需要一个"帮凶"MM 来配合，让她靠近目标，看似给 MM 拍照，实则伺机对目标下手……

动作一定要快，否则人家会成人之美地迅速走开，这一招要求两人演技浑然天成。

实在不行就连着"帮凶"一起拍进去，大不了过河拆桥回来用 PS 裁掉。

暗偷不如明抢

最高的技巧是无技巧。

偷偷摸摸其实欲盖弥彰，索性大义凛然迎上去正面猛拍甚至故意惹恼目标，明明是贼却要当自己是警察，简单说就是要有"范"！这般不管不顾往往能拍到更戏剧化的表情。

准备挨揍。

走为上

按下快门后马上走开，好像什么事也没发生过；

走到目标面前突然停下，举机就拍，在对方发现但尚未确定被偷拍的犯懵瞬间，绝尘而去……这是偷拍大师布列松的杀手锏。

3.偷拍的技术支持

预先设定：拍摄模式 P。尽量选择使用连拍。感光度稍高，目的是提高快门速度。

白平衡选择自动。

条件允许时还可使用包围曝光，在自动拍摄的 3 张中选择 1 张。

各种镜头的理解：广角贴近拍摄，利用夸张，长焦远吊拍摄，利用压缩。

图片质量的设置：大文件，JPEG+RAW。

带着后期的想法：构图留有余地。

持机的稳定：心慌气短，端不稳相机是家常便饭，要练基本功啊。

小结

偷拍是摄影人必备的技巧之一，技术上要求：熟悉手上的相机，和扎实的摄影基本功。

我们所说的偷拍是以不侵犯别人隐私为第一前提的，"偷"只是一种不得已的非常手段，它必须是自律和有限度的，任何情况下我们都应该绝对尊重自己的偷拍对象，冒犯个人隐私更是不可。"偷"是有道德底线的。

天下有贼，只是这偷拍的"贼"，应是精通摄影技艺的快手，更是富有涵养和风度的非常君子，切勿误入歧途。

上面这些经验可能很碎片，当你一条一条试过，你会觉得很实用。

《伙伴"卡尔"》 摄影 李继强

拍摄数据：EOS 5D Mark II   F11   1/500 秒   曝光补偿 -1

五、盲拍 —— 眼睛不看被摄体的拍摄方法

1.什么是盲拍?

盲拍也是偷拍的一个变种,一个分支,是以手代眼的拍摄方式,属特殊拍摄方法范畴。

一般来讲,不用取景器,纯粹以手感及视野、角度判断的拍摄方式,称为盲拍。盲拍一词,其实仅点出了拍摄时,眼睛没有贴在单反相机观景视窗上的事实,但是并非盲目的拍摄。掌握了一定的经验后,往往拍摄的成功率可以达到八九成以上,甚至可以精确控制构图,将主体放在画面理想的点上,还能对完焦后,以手感来改变调整构图。

2.盲拍技巧的7个要点

使用广角镜头

对于初学者而言,广角镜头有较大的视野,成功率较大,不至于发生主体跑出画面以外,而且广角镜头可以有效地提升手持极限,在光线不好的情况下,广角镜头景深大,画面拍实的可能性要高很多。

只使用特定焦段来训练

如果使用变焦镜头,如 17-35mm 镜头,虽然镜头焦距可变,但拍摄时还是要当成定焦镜头使用。假设先固定在焦距17mm,时间一久,摄影师的潜意识就会开始对这个特定焦段在场景的视野、角度,有更深刻的认识。

用中央自动对焦点对焦

中央对焦最符合日常的拍摄习惯,这也是最保险的方法。合焦之后,如果再想改变画面构图,可以半按快门锁定焦点后,再训练以手感改变画面的位置。

使用最佳光圈

盲拍时很多摄影师都喜欢使用大光圈以便提高快门速度,但大光圈也会导致景深小,画面清晰度不足。为适应不同的情况,建议多使用 f/5.6-f/11 的光圈,一般这几档光圈都是镜头的最佳光圈。

训练单手拍摄的稳定度

在复杂环境下,很多精彩画面都发生在瞬间,此时的盲拍大多是用单手完成的,如果能经常训练单手拍的稳定度,此时成功几率会大大提升。

训练对拍摄角度的敏感力

盲拍角度最常用到的就是相机挂在胸前仰拍,经常拍摄活动报道的摄影师也会选择俯视盲拍,不管选择什么角度最重要的是将主体框入画面,要做到先固定一个拍摄视角练习,养成一种拍摄潜意识的习惯。

盲拍不是只针对人物

盲拍要多练习,无论是人像或是建筑、风景,都可以多多尝试,不要一想到盲拍就想到拍摄主体是人物。

3.盲拍的4种状态

眼睛不看被摄体的盲拍

确定一个大致的拍摄方向和范围，不看取景器，不看屏幕，眼睛看别的地方时，按下快门。好像有个运气问题，其实，经过多次练习，成功率也是蛮高的。

低角度手握盲拍

肩带缠到手腕上，持机手自然垂下，放在身体一侧，相机呈竖幅状态。

用广角镜头，连续自动对焦，手放在快门上，可以原地不动的按快门，也可以一边走一边拍。

手持高角度盲拍

当一个事件或活动正在发生，你想拍摄却没有高点，如一群人围观，怎么办？举起相机从上往下盲拍。连拍、广角镜头、调整俯仰是基本操作。这个方法常用在拍摄新闻、民俗活动、突发事件等。

挂在胸前的盲拍

常用来"扫街"。相机肩带放长点，右胳膊搭上衣服，隐蔽按快门的手，对准大致的方向和范围，走动中按快门。有个同伴更好，可以在交谈中，隐蔽拍摄意图挂在胸前而盲拍。

注意：拍摄完了，不要马上看屏幕，退出现场再检查拍摄效果。

《小憩》 摄影 李继强

拍摄数据：EOS 5D Mark II　F6.　1/160 秒　ISO 100　白平衡自动　挂在胸前盲拍

六、连拍 ——
多拍优选的拍摄方法

1.什么是连拍?

什么时候使用连拍？一般是拍摄运动主体的时候，还有就是表情连续变化的时候。也就是说被摄体瞬间变化快，很多瞬间迅速消失，用连拍来捕捉是解决的好方法。

2.连拍的具体操作

步骤一，相机设置

首先，将相机的自动对焦模式设置到"人工智能伺服自动对焦"；

其次，将驱动模式设置到"连拍"，可以根据现场情况选择"高速"或"低速"连拍。连拍的速度是由相机的性能决定的，如 5D Mark II

在 1 秒的时间里可以拍摄 3.9 张，5D Mark III 在高速连拍的状态下，可以拍 16 张 / 秒；

步骤二，用取景器始终框住被摄体，有满意的瞬间就可以把快门按到底，只要不抬手，相机的连续拍摄功能就开始工作，在很短的时间里拍摄若干张；

步骤三，回放检验，可以放大查看画面，选择满意的留下，把没用的删掉。

3.连拍时的注意

在"人工智能伺服自动对焦"模式下，合焦时是没有提示音的，而且合焦指示灯也不会亮，这与单次对焦是不一样的。

《谁是小妹妹》 摄影 李继强

拍摄数据：EOS 5D Mark II　F9.　1/5 000 秒　ISO 400　白平衡 自动　连拍

七、等拍 ——
关注事物发展的拍摄方法

1.什么是等拍?

等拍,在摄影里可以算是高境界了。所谓等拍,就是你事先已经想好,画面里需要什么元素,什么样的瞬间,用你自己的创作思想,来组织拍摄这张作品。你不但要有过硬的摄影基本功,最重要的是你要有创意,还要有预判,就是你对身边即将有可能发生的事情,要提前有判断,做好准备,等待需要的到来,这体现摄影者综合素质。

2.等拍的五大元素

每个人等的东西可能不一样,但有很多是共性的。

等瞬间

拍摄事件,活动,运动物体等,在一个过程里会有很多瞬间,你希望拍到哪个瞬间?如果你认为你需要的瞬间会出现,你就可以等,耐心地等,直到他的出现。

等元素

摄影的画面是由各种元素组成的。当你感觉画面里缺少某种元素,而这种元素一会会出现,你就可以等啊。例如,拍建筑,建筑是一个民族的文化结晶,拍好建筑需要思考很多问题,选个简单的,建筑多高?有个比例就好了,最好的比例元素就是人,那么就等人的到来,一对情侣的出现给画面增加了美的同时,还带来满意的比例,快门轻轻按下完成等待。

等变化

世界上没有不变化的东西。如季节的变化,人的变化。在《礼记·中庸》里讲到变化是这样说的:"初渐谓之变,变时新旧两体俱有;变尽旧体而有新体,谓之化。"

例如,我喜欢拍美的东西,每年春天冰雕融化时,会出现很多变化,虽然是残缺的也是一种美啊,连续去几天,冰雕每天都在变化,熟悉的东西一点一点地变成陌生了,我享受这种变化中的美。

等光线

一年中,四季里,就是一天的光线也是不一样的,你需要什么样的光线?

光是摄影的生命,没有光线就不可能存在有摄影。光线对景物的层次、线条、色调和气氛都有着直接的影响。因此,我们必须了解每种光线对景物的作用,才能获得理想的效果。我们只有经常地观察各种光线在景物中的自然变化和影响,才有助于我们对光线效果的认识。

需要大反差,等硬光;

需要表现梦幻,等软光;

直射光线照射在景物上,能产生各种不同的效果,会产生明暗层次、线条和色调;

正面光可使景物清朗而具有光亮、鲜明的气氛;

侧光拍摄景物,由于光线斜照景物,景物自然会产生阴影,显现明暗的线条,使景物有立体的感觉；

　　逆光照射景物，景物中被光线照射的部分，会产生光亮的轮廓，因而就能使物体与物体之间都有明显的光的界线，不会使主体与背景互相混合；

　　用低光拍摄风光，低光属于光谱中的红色成分，表现出来的颜色呈黄、橙色，使作品更具浪漫特色。

预料事件的发展

　　选择拍摄位置，仔细构图，可以从容不迫，等待事件的发展，实现你最终的希望 —— 用画面传达你的感觉！

《雨后》 摄影 何晓彦

拍摄数据：Nikon D300　18-200mm 镜头　F16　1/1 000 秒　ISO320　白平衡自动

操作密码：乌云来了，小雨来了，保护好相机等待。于是，雨后，云缝里透射的光线，把栈道的桥板照亮，一张满意的作品来了。

八、试拍——
发挥数码优势的拍摄方法

1.什么是试拍?

试拍是尝试,试拍是试验,试拍是检验。试拍的方法主要是针对相机说的。试什么? 当然是相机的性能和功能。

对于初学者,有目的、有计划、有重点地拍摄练习,是提高专业水平,积累能力,熟悉工具的捷径。

2.曝光试拍,培养对画面明暗的感觉

曝光是摄影的基本问题,现在的数码相机已经很好地解决了这个问题,把曝光自动化了,而且有一套科学的计算方法。

初学者在曝光操作上要经历三个层面:

相机说话层面

全自动档是完全由相机说了算的曝光方法,是不能人工干涉的自动曝光模式,这是曝光里最简单的操作;

A 档 (AV),光圈优先自动曝光也是自动档,选择光圈的大小是它的变化,选择好光圈后,速度是根据现场的光线自动给出的,虽然光圈改变了,曝光量却没变,只是改变了画面的清晰范围,也就是景深;

S 档 (TV),当你把模式调整到 S 档时,是速度优先自动曝光档,其实,也是自动档,由你来选择一档速度,是它的变化,光圈是根

据现场的光线自动给出的,虽然速度改变了,曝光的总量却没变,只是改变了速度对运动体的凝固程度;

P 档,是和全自动档一样的,也是光圈、速度双优先,改变的地方是,你可以在选择曝光组合的同时,调整相机一切可以调整的功能。该档可以干 A 档的活,也可以干 S 档的工作,这也是我常用 P 档的理由,我称 P 档是万能档。

在相机说话层面得到的曝光量一般都能满意,尤其是记录性拍摄,得到的几乎都是中间调的作品,可以准确传达被摄体的事实信息。适用于一般记录性拍摄,如会议、纪念、合影、画册等题材。

干涉曝光层面

当你对相机给出的曝光量不满意时,就要考虑改变曝光量的大小,干涉曝光就是改变相机的某些设置,也就是给相机这台小型计算机下指令,来改变相机给出的曝光量,在控制画面的明暗上达到创作的目的。

相机在 P、A、S 档状态下,干涉曝光改变曝光量的方法一般有:

曝光补偿: 正补增加曝光,负补减少曝光;

包围曝光: 得到三张不同曝光量的作品,提供选择;

自动曝光锁: 选择满意的明暗效果锁定曝光量;

测光模式: 选择不同的测光范围,得到满

意的明暗效果；

M 档是最彻底的干涉方法，光圈、速度由自己根据拍摄意图来组合，可以不用计算机来计算，自己根据经验设置。对于初学者来说，这个方法有一定难度，需要一定的经验的积累。

熟练控制层面

当我们到达拍摄现场，经过观察，决定了要拍摄的画面，首先要思考的就是画面的明暗，也就是曝光量的多少，可以选择 P、A、S 档里的任一档，根据意图拍摄一张，看效果，看与自己希望效果的差距，然后，选择干涉的手段来改变画面的曝光量，解决明暗问题。

举例，在 P 档状态下，拍摄的照片发白，解决手段可以选择曝光补偿，进行负补偿，画面就暗下来了，具体补偿多少，可以根据意图来定，拿不准，可以试用几个补偿量，我拍风光作品一般都选择 -0.3 的补偿量。

举例，如果拍摄时间紧张，不能从容不迫地调整、验证，可以选择包围曝光，一次得到 3 张不同曝光量的作品，有时间再慢慢选择满意的。

《金河湾一角》 摄影 何晓彦

拍摄数据：Nikon D300　18-200mm 镜头　F13　1/160 秒　ISO320　白平衡 自动　曝光补偿 -0.3
操作密码：构图很成功，右边的人进入画面给画面增加了立体感和空间感。

《湖畔小景》 摄影 何晓彦

拍摄数据：Nikon D300 18-200mm 镜头 F13 1/640 秒 ISO200 白平衡自动 曝光补偿 - 0.3

3.色彩试拍，
加强对画面色彩的理解

　　色彩分两大类：客观色彩和主观色彩。数码相机的设计目的就是在努力还原客观色彩。数码相机有三个功能左右画面色彩，一是，白平衡；二是，照片风格，尼康叫优化校准；三是，单色。白平衡是相机以白为基准来寻找平衡的色彩控制方法，一般一开始学习都设置到"自动白平衡"，我建议在色彩试拍的过程中，可以手动操作一下白平衡的图标选项，在一种天象下，用不同的白平衡选项来拍摄，正确还原的就是客观色彩，偏色的就是主观色彩。

　　一般规律是客观色彩偏重纪实，主观色彩偏重抒情。也可以选择"K"值的方法来试拍，更精确地把握色彩的变化。尤其是变色试验，要积累对改变后的色彩的感觉，为创作打基础。

　　照片风格或优化校准可以改变一张照片的亮度、对比度、饱和度和锐度等信息，不同的照片风格或优化校准设置可以赋予一张照片完全不同的外观，也就是我们常说的风格。

　　白平衡的选择对画面色彩是决定性的，照片风格是对色彩的微调。

　　不存在什么最好的优化校准模式，只有最适合特定场景的优化校准模式。"鲜艳"和"风景"可以带来鲜艳的照片，也可以带来严重失真的照片；"自然"总体上显得极为平淡，然而有时候这种平淡却是渲染一幅照片的最佳选择。每个人都可以有自己的选择。

　　我只想说，多尝试一下，至少在你做了充分的尝试以后，再下结论。学习优化校准，找到自己喜欢的优化校准，是一个不断尝试的实践的过程。

　　照片风格或优化校准只对 JPEG 起作用，对 RAW 不起作用，因为 RAW 是 JPEG 的底片。

　　单色一般用于创作，注意里面的滤镜效果，对反差、饱和度的组合要多试验练习。

4.虚实试拍，
熟练对画面景深的控制

画面上的虚实效果是控制的结果。控制什么？光圈！当你把焦点对准被摄体，开大光圈，如 F2.8 被摄体前后的清晰范围就小或者说是短，缩小光圈，如 F11 被摄体前后的清晰范围就大或者说长，这是景深原理。

虚实试拍就是试验各种光圈下的虚实效果，在试验的同时还可以加上长短焦距的变化，加上被摄距离的改变。

有四种变化要掌握：

主体实背景虚：焦点对到主体上，开大光圈（可以再加上长焦端和较近的距离）。

主体实前景虚：焦点对到主体上，开大光圈的同时，向前景靠近，多近？理论上说就是把前景控制在前景深以外。通俗说，离相机越近，前景越虚。尤其用长焦端拍摄，更容易虚化前景。

主体虚背景实：焦点对到背景上，把主体拍虚。有点难度，关键看主体的大小和虚化程度及拍摄意图。

主体虚前景实：焦点对到前景上，把主体拍虚。有点创作的味道了，注意主体离前景的距离。

《检阅》 摄影 何晓彦

拍摄数据：Nikon D300 18-200mm 镜头 F5.6 1/125 秒 ISO200 白平衡 自动 曝光补偿 - 0.3

5.瞬间试拍，
对拍摄时机的快速反应

抓取瞬间，熟练操作相机是前提。

专注观察被摄体的动态；

预判事件发展的下一个瞬间；

找高速运动体练习连拍，如运动会、动物园、活跃的动物等；

去广场、步行街"扫街"；

瞬间可以是一个动作，也可以是一个表情；

不断轻点快门按钮，保持对焦状态。

《和谐社区 幸福生活》 摄影 张惠珍

拍摄数据：SONY DSC-H20　F4　1/100 秒　ISO80　白平衡 自动

操作密码：仔细观察作品，6 组人物和谐自然，抓拍的瞬间恰到好处。

6.测光试拍，
检验不同测光模式效果

面对一个场景，用不同的测光模式拍摄，看效果。测光模式一般分三类，评价、重点、点测。他们的检测范围不一样，得到的画面明暗效果差异很大。可以在速控屏幕里快速选择测光模式。用不同的测光方式对一个场景反复拍摄，寻找满意的画面，还积累曝光经验，初学者肯定会受益的。

用一种测光方式，对不同场景拍摄，积累测光经验。不同场景的光线变化有时是很大的，在什么样的场景下？用什么样的测光方式？得到什么样的效果？培养自己的感觉，为创作做准备。

《气象万千》 摄影 李英

拍摄数据：NIKON D800　F22　1/40秒　ISO800　3D矩阵　曝光补偿 -0.3　白平衡 手动

操作密码：好的作品要有一个基调。光线运用的较好，画面中的烟雾抓住了欣赏者的眼球，前景的运用使画面产生空间感。一张成功的风光作品。

7.构图试拍，
把创意与构思变成画面

　　主体位置：尝试把主体放在不同位置，对产生的效果自己尝试评估。也可以按教科书里的三分法、井字格来体验一下，摸出点规律来。

　　地平线选择：地平线的位置，可以是三分法的，也可以是不要地平线的，还可以试试极端的位置，如特靠下或特靠上，有什么感觉？产生什么意义？

　　线条引导：可以试试对角线，还可以试试把主体放在远处，用线条引导视线去看。

　　景别选择：面对一个场景，分别用广角、中焦、长焦拍摄全景、中景、近景、特写，这是练习构图的笨办法，对于初学者却很有效。

　　画幅选择：我们一般都选择拍摄横幅照片，这是由持机的习惯造成的。在摄影的画面里，其实很多时候是需要用竖幅来表现的，如左图，高耸的教堂与蓝天里淡淡的弯月遥相呼应，再加上含蓄的标题，使人产生无限的联想，用竖幅表现恰如其分。

　　　　《钟 声》 摄影 吕乐嘉

　　拍摄数码：Canon EOS 5D Mark II　F14　1/500 秒　ISO 400
白平衡 自动

《阳光路上》 摄影 李胜利

拍摄数据：Nikon D90　F14　1/40 秒　白平衡 自动
操作密码：操作纯熟，表现到位，很经典。

九、追拍——
突出和制造动感的拍摄方法

1.什么是追拍？

　　追拍是追随拍摄的意思。追随拍摄有很多种表现形态，我介绍两种常用的追拍方法。

2.平行追随的技巧

　　追随摄影主要用于表现动体的"动态"和"速度"，得到的效果是，照片中的主体鲜明真实，而背景模糊虚化拉出横线条，虚实对比突出主题，强烈表现主体的运动感。

　　采用追随法要注意把相机紧靠脸部，相机与头部作为一个整体来转动。条件允许也可用三脚架，拍摄时，先从取景框里看好被摄对象的位置，然后，按动体行进的方向，相应转动相机，待到适当时机时，及时按动快门。

　　按快门时，相机不能停止工作，必须在转动中按快门。

　　根据运动体的速度，确定照相机的快门速度，一般快速前进的汽车、摩托车等，不要使用太高的快门速度，一般多用 1/60 秒，有时也可用 1/125 秒或 1/30 秒。如使用快门速度过高时，动感不强，追随效果不明显，如使用快门速度太慢时，技术上不易掌握，主体容易模糊。

　　使用追随法拍摄时，一般以选用侧光或逆光为好。应选择深暗色的背景，而且背景最好是有树、山、房屋或人群等景物，也就是说背景越乱虚化效果越好。这样在转动相机时，背景才能出现模糊的线条。不要选择干净纯色的背景，因为这样形不成漂亮的虚化效果。

　　总之，拍摄者要随着动体的运动方向转动相机，在行进中按动快门，拍摄的结果是，动体清晰，而背景因移动而模糊，给人以快速运动之感。

3.变焦追随的技巧

　　拍摄者在面对迎面而来的动体时，利用变焦镜头，在变焦中追随拍摄。这时动体的四周会出现放射线条，有爆炸的效果，动感很强。

　　拍摄的要领是：当把动体对焦清楚后，随动体向前移动的方向，从远向近拉镜头，即从短焦距往长焦距拉动。用左手拉动焦距，右手按动快门，在拉动焦距中按快门。背景要选择有景物的地方，这样才能在变焦时，出现进发式的线条。拍摄时，因动体迎面而来，所以要特别注意安全问题。拍摄前要选择安全拍摄点，以免被动体撞伤。

《驰》 摄影 何晓彦

拍摄数据：Nikon D300　　F16　　1/30 秒　　ISO 200　　白平衡 自动　　曝光补偿 +0.3

　　操作密码：这是一张拍摄操作练习照片，成功之处是拉出了线条，不足之处是背景的选择空白太多，影响效果，还有速度的选择太慢，主体的汽车模糊了。变焦追随的目的是画面的动感效果，也可以在后期处理中得到同样效果。选择清晰动体而且背景杂乱的照片。具体操作：做"选区"→反选→滤镜→模糊→径向模糊→缩放→品质好→"数量"的多少决定放射强烈的程度。

十、乐摸（LOMO）——
随心所欲的拍摄方法

1.什么是Lomo?

　　Lomo 是一个缩写，开始时是指前苏联圣彼得堡一个专门生产军事光学镜片的工厂，叫列宁格勒光学仪器厂。Lomo LC-A 是该厂在前苏联时期研制生产的 35 毫米自动曝光旁轴相机。而现在 Lomo 有了新含义，Lomo 的爱好者们给它起了一个恰当的中文名字叫乐摸，就是"让我们快乐地抚摸生活！"用 Lomo 拍出的照片，称乐摸照。用 Lomo 拍照的人，称乐摸师，或者叫他们"乐摸家伙"。Lomo 摄影追求简单、随意、自由的态度，这正符合年轻人的心态，所以得到越来越多年轻人的喜爱。另外酷爱用 Lomo 相机记录生活的人，也被称为 Lomo 快拍族，就是谨遵 Lomo 随意拍照原则的人。

2.Lomo的10大原则

　　现在 Lomo 在全球共有 30 多位大使。他们所推广的不止是一种创作性摄影理念，还是一种存在方式。

　　看看他们的 Lomo 十大原则就明白了：

　　1. 随身携带，随时使用 —— 无论白天或黑夜。

　　2. Lomo 是生命的一部分。

　　3. 从屁股旁边拍。

　　4. 尽可能地接近你期望中的物体。

　　5. 不要思考。

　　6. 动作要快。

　　7. 你不需要预先知道你会在照片中得到什么。

　　8. 你也不用设想你事后到底拍出什么。

　　9. 随便组合你的照片。

　　10. 不要理会这些规则。

3.Lomo也是一种选择

　　没有规则，不理会技巧，即使是对焦不准、画面模糊、层次不清的照片，也可能是精品，这就是 Lomo 不一样的拍摄乐趣。

　　在现在这个社会，Lomo 可以说是一种精神、一种文化，更可以说是一种生活方式。

　　Lomo 所使用的相机，可以是任何品牌、任何档次的，甚至手机 IPAD 都可以，但是里面有了人的情感和发挥，就不一样了。想拍什么就拍什么，连续拍，不理会正统的摄影规矩，只讲究个人的随意性、真实性，一种另类的玩法啊。

　　作为一种拍摄方法我介绍一下，身边没有用这种方法的，我也没用过，所以没有图片。读者还是到网上看吧。我在百度的图片搜索里输入"乐摸"两个字，找到相关图片约 1 680张。在谷歌里输入"乐摸"两个字，找到相关图片约 41 100张。

十一、慢拍——
把握时间的拍摄方法

1.什么是慢拍?

用慢速度拍摄,是摄影的拍摄方法之一。要达到几个目的:

一是,营造运动的感觉。尤其是对熟悉的事物用慢速度拍摄,会给欣赏者带来新奇的观感。当然,慢是相对的,整个画面都拍虚了,效果就没有了,要走两条道,主体是实的,环境是虚的,或者,环境是实的,主体是虚的。

二是,制造"陌生感"。人的视觉具有求新纳异的倾向,当视觉面对一个"陌生"的对象时,才会"睁大自己的眼睛"。

三是,产生视觉美感。模糊美,虚幻美,以虚托实是创作的思路之一。技巧陌生,会引起两者兴趣。两者?摄影者——掌握的愿望,读者——欣赏的欲望。"慢下来"是创作时的思维方法之一,其实就是在寻找陌生。要把熟悉的场景在心里用摄影技巧反复陌生它,然后用相机付诸实践。

2.让速度慢下来的8个技巧

可以从以下8个方面来思考操作:

把光圈变小

光圈越小,速度就越慢啊。这个方法依据的原理是,在改变光圈的同时,速度会根据现场光线自动改变,光圈越小,速度越慢。光圈能调多小?F22,F32。把光圈变小,P、A、S、M档都可以做到。

改变ISO感光度

这个方法依据的原理是,感光度数值越小,对光线越迟钝。了解你相机的感光度吗?最小的感光度是ISO50?还是ISO100?怎么操作?最简单快速的方法就是在速控菜单里调整。

镜头前加灰镜

这个方法依据的原理是阻光,进到镜头的光线减少,速度自然会慢下来。灰镜的3种规格,浅灰(减1档)中灰(减2档)深灰(减3档)。解释一下,如果,现在的速度是1/8秒,在镜头前加中灰滤镜,快门速度减两档,就变成1/2秒了。有些摄影人担心加灰镜影响画面质量,回答是基本不影响。

也可以选择减光镜,效果和灰镜一样,操作更方便。

利用阴影

这个方法依据的原理是减少照度。阴影的来源,小面积可以用物体遮挡制造阴影,如果面积大,可以利用山峰等来遮挡制造出阴影。

利用天象

原理是光线弱,如早晨,傍晚,阴天,多云,雨天等。

夜间

原理是利用人造光源,如灯光照射,慢门闪光灯。也可以利用自然光源,如星光,月光,对夜空进行长时间曝光。

后期处理

这个 Photoshop 谁都会两下子的时代，打破熟悉的，是创作的最基本的原理。思考一下，在 Photoshop 里有什么工具能做到？

滤镜的方法

来改变作品的效果，可以虚化主体，也可以虚化环境啊。

当然，合成的方法也是思考的方向，把一个故意拍虚的画面与一个清晰的主体画面合成，你想过吗？

用慢速度拍照要注意稳定相机。当然要用三脚架，自拍 2 秒，反光板预升，也可以用豆袋，还可以放地上，低角度拍摄也是很有创意的想法。

《冲刷的快感》 摄影 李继强

拍摄数据：SONY 828　F8　1/8 秒　拍摄于 2005 年黑龙江镜泊峡谷

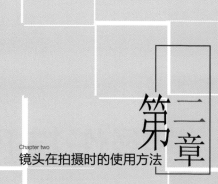

Chapter two
第二章
镜头在拍摄时的使用方法

　　定焦镜头的质量，变焦镜头的便捷，微距镜头的细节，超广角镜头的冲击力，广角镜头的信息量，中焦镜头的人像表现，长焦镜头的局部精彩，鱼眼镜头的变形魅力，移轴镜头的校正等，面对各种功能的镜头，如何正确使用这些镜头，发挥各种镜头的优势，是摄影人的思考方向。

一只镜头说它好，好在什么地方？怎样衡量？

一看，光圈。快头的大光圈一般要达到F2.8或以上。各光圈下解像力都要优秀，恒定当然是最好的。

二看，画面油润有层次感，锐度很高，色彩还原好。

三看，做工精致，精密度高，有防尘防水处理。

四看，IS声音很小，对焦快、内变焦、全时手动对焦也是必备的功能。

五看，性价比。弱弱的说一声，我相信一分钱一分货的道理。

我觉得衡量一只镜头除了物理技术指标以外，关键是合理地使用它，最后看它拍出的作品效果才是目的。

镜头说到底就是一个工具或工具的一部分，是为画面和拍摄意图服务的。

一、定焦镜头的操作技巧

当你的相机上安装的是定焦镜头，你的思维应该是多元的、偏向理性的。

只有一个焦段的镜头，叫定焦镜头。也就是说焦段是固定的，不能变焦。定焦镜头也是一个系列的，他们分为广角定焦、标准定焦、中远摄定焦、远摄定焦、超远摄定焦、微距镜头、移轴镜头。定焦镜头由于固定在一个焦距，能充分发挥摄影人的个性。

现在买单反相机一般都带套头，不喜欢套头质量的，一般都选择高质量的两段变焦镜头如 24-70+70-200 红圈或金圈镜头。当你摄影玩到一定阶段时，一定会尝试定焦镜头，理由很多啊。

我之所以推荐大家尽量使用定焦镜头，是因为它代表的是，你对摄影的一种态度，就像你吃饭喜欢吃快餐，还是喜欢细细品味一顿佳肴一样。

用变焦镜头的人大多数的摄影方法和思考方式都是：看到想拍的东西→设定曝光数值→用变焦来确定构图→拍摄。而用定焦镜头的人一般是：看到想拍的东西→思考用什么角度和什么样的透视关系→确定距离→确定构图→设定曝光值→拍摄。大家可以发现，使用定焦镜头的时候你能对构图和图片的空间感考虑更多，这并不是一个麻烦多余的步骤，而是让你变成一个严谨的摄影者所应该有的步骤。

坚持使用定焦镜头可以看得更清楚；

定焦镜头追求的是画面质量；

它的视角接近人眼观看事物的效果，不变形，透视正常；

取景时要靠前后走动来构图；

它的光圈较大，对环境的适应能力较强，

《委屈》摄影 李继强
拍摄数据：Canon EF 50mm 1.8 II 镜头
F 1.8 1/1 250 秒 ISO 200 白平衡 自动

尤其是弱光下拍摄，因为定焦镜头可以比变焦镜头提供更大的光圈，也就意味着更柔和的焦外虚化效果；

简单的镜片结构自然会带来更锐利的图像和接近圆形的光圈会提供最漂亮的虚化光斑。

定焦镜头的价格更低廉，如佳能 EF 50/1.8 II 人民币仅为 620 元，尼康 AF 50/1.8 D 也不到 700 元人民币，超高性价比。当然，万元以上的高质量的定焦镜头也非常多，不在初学者考虑之列。

定焦镜头往往更加轻便，也更易于长时间携带。

定焦镜头，对于初学者来说，它能让你建立起对焦距、透视和空间关系的基本意识。这是作为一个摄影爱好者应具有的最基本的感觉。我把这种感觉称作"镜头感"。

使用定焦镜头，你还会有个意外的收获，就是当变焦镜头铺天盖地时，定焦会显得很酷，很专业，会很好地满足你的虚荣心。

用定焦镜头拍什么？怎么拍？看一张作品。记录一个场景，讲究客观还原，要求清晰度要高，细节要逼真，色彩要准确，在较暗的环境下，定焦镜头的性能充分体现出来。

1. 用定焦拍出浅景深的虚化效果

浅景深与虚化一般都认为是长焦的专利，其实，当你搞清楚浅景深与虚化的原理，任何一款镜头都能做到。

镜头虚化的秘密有四个要素：

一是，长焦距：焦距越长，虚化效果越好；

二是，大光圈：光圈越大，虚化效果越好；

三是，近摄距：镜头离被摄体越近，虚化效果越好；

四是，远背景：被摄体离背景越远，虚化效果越好。

焦距长短和光圈大小是相机设置因素，摄距和背景的远近是摄影师调度的因素。不论你用的是广角定焦还是长焦定焦，运用上面的原理都能达到虚化背景的目的。

因标准定焦镜头的光圈可以开大到 F1.8，镜头离被摄体较近，离要虚化的背景又较远，虽然焦距不是长焦，但具备了"大光圈"、"近摄距"、"远背景"这三项要求，尤其是大光圈的使用，画面的虚化效果出来了。

拍摄目的是用浅景深来突出被摄主体，减少其他的干扰语言，使画面简洁生动。

《丹心片片》 摄影 李继强

拍摄数据：EOS 5D Mark II EF 50mm 1.8 II
镜头 F1.8 1/500秒 A档 白平衡自动

2.用定焦的大光圈拍人像

拍人像时光圈不要开到最大，我试验了一下，最大光圈的画质不如缩小后的好，这张是 F2.8 的，效果比 F1.8 的要好一些。

控制光圈的最简单的方法就是用 A 档，选择一档光圈后，光圈不会变化，速度会根据现场光线自动给出，曝光量一般都会很理想。

照片风格选择人像，画面没风光那么锐，表现肌肤很合适。

操作相机实际就是根据拍摄意图选择相机的功能，不断地调整设置，试拍检验，才是初学者学习摄影的成功之道。

《喜欢摄影的女人》
摄影 李继强

拍摄数据：EOS 5D Mark II　EF 50mm 1.8II 镜头　F2.8　1/1 000 秒　ISO200 A 档　照片风格 人像

3.定焦在暗光环境下的拍摄机会

定焦镜头的最大优势是光圈较大，F1.8 正常，F1.4 甚至 F1.2 都可以实现。关键是银子，用快头是摄影人最爽的事，摄影是用光描绘事物的一种艺术。

从事摄影的人，无不感受到弱光条件下摄影的困难与尴尬。大光圈的定焦镜头是解决这些困难与尴尬的好手段。

光线质量低，也就是教科书上说的弱光，一般表现在恶劣天气、黎明傍晚、室内演出、饭店、咖啡屋的活动等方面。

暗光条件下的拍摄可以采取以下措施：

一是利用定焦镜头的大光圈。开大光圈，进光量增加，快门速度可以得到提高，可以解决手持相机拍摄速度慢的问题。

二是提高相机的感光度。这也是提高速度的手段之一，现代的数码相机感光度的优势是让摄影人乐观的，单反相机可以提高到 ISO800 甚至 ISO1 600，基本没有噪点，就是出现一些噪点也很小，是可以接受的。

三是增加曝光补偿。增加正补偿，解决画面昏暗的问题。

《长城月亮》 摄影 苗松石

拍摄数据：Nikon D300 F9 5秒 ISO 640 白平衡 自动 曝光补偿 −2.7

4. 用定焦的小光圈拍风景

在各种摄影题材当中，大自然的风景照是最具视觉震撼力的。无论是茫茫草原或苍翠丛林、浩瀚的大海还是蔚蓝的天空，这些壮观的自然风景都会给我们的心灵带来一种从未有过的震撼。

拍好大自然的风景，画面要求清晰锐利，用摄影圈里的话来说就是通透。保证通透最简单的方法就是用"小光圈"，如F8，F11，F16等。

定焦镜头的小光圈，因镜头里的镜片较少，很容易得到锐利的画面。

风景作品要求画面从近处到无穷远都清晰，怎么能做到？

小光圈增加景深是一个方法，光圈越小景深越长。

对焦点最好对在画面前三分之一处，这样利用前景深短后景深长的原理，使景物都处在景深范围里。有很多摄影人在拍摄风景时把焦点往往对在无限远处，这种做法容易使前景模糊，画面达不到全清晰的目的。

光线充足也是拍风景的有利条件之一。光线质量好光圈才能小下来，才能保证一定快的快门速度。

《秋日钟声》 摄影 何晓彦

拍摄数据：Nikon D300 F16 1/1 000 秒 ISO 400 白平衡 自动

哈老年人大学12年秋数码摄影快一班大庆采风留影

2012.11.3

《快乐的摄影人》 摄影 高怀茂

拍摄数据：Nikon D80 EF 18-200mm 镜头 调整到 50mm 处 F11 1/500 秒 ISO 400 白平衡自动 曝光补偿 +0.7

操作密码：成功之处有三，一是被摄者精神饱满，姿态自然，都露出了笑容，这是摄影师瞬间抓取和调动的结果；二是，小光圈保证了景深，画面景物都处在清晰范围；三是，多拍了几张，消除紧张感，这是第三张，表情比前面的自然。

5. 用标准定焦拍集体合影

一张好的集体合影应该达到五点要求：

一是，集体群像在画面布局合理，充实；

二是，前后排无遮挡现象；

三是，最前一排与最后一排的人都清晰；

四是，没有前排头大、后排头小的变形；

五是，没有闭眼睛的情况。

做到以上五点，必须掌握好以下拍摄要领：

应选用标准镜头

标准镜头的视角与人眼一致，用广角镜头拍集体照时会出现透视变形现象，前排人物离镜头近而头大，后排人物离镜头远而头小。因此，拍集体照不能使用广角镜头。如果使用变焦镜头拍集体照也应选择 50 毫米焦距段。当然最好还是用定焦 50mm 的镜头最理想。

光圈和快门速度的选择

集体合影的特点是：人物是静止的且纵深大。要获得较大的景深，一般得使用小光圈和较慢的快门速度。20 ~ 30 人的合影宜用 F5.6-8 光圈；在 60 ~ 70 人合影时宜用 F8-11 光圈，在 100 人以上合影时宜用 F11-16 光圈。快门速度最好不低于 1/30 秒，这样可避免个别人在拍摄中突然的晃动。当然，在光线较差的情况下，为了保证有足够的景深，适当提高感光度也是个解决的方法。

使用三脚架和遥控器

因为拍摄集体合影需要较大的景深，所以常选用较小的光圈拍摄，这时快门速度较慢，为防止拍摄中出现"手震"，影响画面清晰度，因此在拍照中必须使用三脚架稳定照相机。

也可以用 2 秒自拍来释放快门。

避免前后排遮挡，前后排梯度要大

拍大型集体合影时，安排队列最好用桌椅，能使前后排更紧凑一点，以便更有效地利用景深，拍出清晰照片。队列的安排一般是第一排坐凳子，第二排站地面，第三排站凳子，第四排站桌子，如果人还多，前面可蹲一排。如果利用大楼前的石阶照集体合影，人群站队排列应注意的是，无论人多人少都必须隔一级站队，这样才能避免前排遮挡了后排。

光线的选择

拍集体合影以柔和的自然光为好，应尽量避免直射阳光和逆光。时间应选在上午 10 点至下午 4 点这个时段，不要在树荫下拍照，以防产生花脸。

焦点选择

根据景深原理，镜头应聚焦在整个队列纵深的前 1 / 3 处。例如：若共五排人，应将焦点对在第二排的中间人物上，这样可更有效地利用前景深和后景深，拍出前后均清晰的集体合影。

提醒注意

拍摄前先看看队列中有无前排遮挡后排的情况。在按动快门前举手示意，提醒大家注意力集中，以免出现闭眼或晃动。倒数三、二、一，拍摄。此外，初拍集体照要避免紧张情绪，应把注意力集中在准确曝光，精确聚焦以及构图上，否则，任何小小的差错和失误都会造成无法挽回的损失，因为大多数集体合影是无法补拍的。

多拍几张

多拍几张的好处是，如果有闭眼的，可以在后期软件里更换脑袋。

《群英聚》 摄影 周莉

拍摄数据：Nikon D7000　F10　1/125 秒 ISO 200　白平衡 手动

6.用长焦距的定焦镜头打鸟

这是尼康600mm定焦镜头，是打鸟的利器。

这是佳能EF 600mm f/4L IS II USM带防抖和超声波的定焦镜头，价格是72 000 元，拍摄鸟类效果非常好。

要保持相机稳定

用长焦距的定焦镜头拍摄飞鸟，保持相机稳定很关键，有七种方法供参考

一是，开大光圈，使速度能达到最快；

二是，提高感光度，一般提高到 ISO1600 很正常。

三是，选择晴朗的天气，光线充足，速度才能快啊。

四是，打开防抖。

五是，最好有个独脚架，比三脚架灵活。

六是，建议使用连拍。连拍可以弥补手抖的不足，反正连拍几张里面肯定有清楚的！

七是，正确持握，手上的持握和身体的姿势很重要。选择手持拍摄，这是为了获得最广的视野，最大的机动性和最高的效率！

合理设置相机功能

合适的相机设置，配合熟练的手上功夫是拍好飞鸟的必要条件。

一般情况下画质设置到优／最大，这样有利于后期剪裁；

驱动模式设置到连拍，用优选法保证瞬间不丢失；

曝光模式设置到 A 档光圈优先，选择一档自己需要的光圈值后，光圈值不会改变；

白平衡设置到自动，色彩如有偏差可以在后期调整；

测光方式设置到评价测光；

在操作时，选择自动对焦模式。

预测事件的发展很重要

预测鸟的下一刻可能的行为动作或移动方向，是打鸟的基本功；

选择鸟的起飞或降落，最能流露摄影魅力的就是动静合一；

飞行是鸟类最具代表性的活动，拍摄飞行的鸟是非常有意义的，摄影者可以拍摄特定情景下的飞鸟以表达自己的思想观念；

还要说，要给作品赋予内涵，要不停地思考。

小结

使用定焦镜头会受到限制就如同戴着枷锁跳舞，你必须要付出更多的努力。

你需要用心去琢磨构图的方式，你需要寻找最适合你拍摄的角度与距离，你需要思考使用不同的光圈获得恰到好处的景深，浅景深的梦幻虚化及小光圈清晰的表现是追求的重点。

拥有一只定焦镜头，将把你的摄影带向另一个全然不同的层面，那就是思考层面，在思考中扩大你的拍摄题材。

定焦镜头是全天候及严谨的摄影人的必备。

《落荒而逃》 摄影 何晓彦

拍摄数据：Nikon D300 适马 50－500mm 变焦镜头 F11 1/500 秒 ISO400 拍摄时用的是 500mm 端

操作密码：自己没有长焦距的定焦镜头，600mm 定焦镜头是我梦寐以求的。要去梅河口拍白鹭，只能用适马 50－500 变焦镜头来拍了，欣慰的是，该镜头安装到我的 D300 上，需要乘上 1.5 的镜头转换系数，结果焦距达到了 750mm，使用起来真爽啊。

7. 增倍镜的使用常识

佳能增距镜

打鸟或拍远处的被摄体需要长焦，一般200mm镜头感觉还是有点短，购买长焦价格又有点贵，解决的方法就是加装增倍镜。

加上增倍镜以后，相机能把远处的东西放得更大，达到拍摄的要求。

增倍镜是一种小巧的光学与机械附件，将此附件置于机身和镜头之间，等于增加了一个凹透镜，增加了镜头的有效焦距。

当使用一个2倍的增倍镜时，就等于使原镜头焦距增加了2倍。

增倍镜使用以后，镜头的光圈会变小，虽然相机上显示的光圈数值不会改变，根据相机内测光的结果拍照，也没有问题。

但实际上，光圈的真正数值，应该是显示的光圈数值乘以增倍镜的倍数：比如，一只镜头在接驳了2×增倍镜以后，当使用光圈为F2.8的时候，实际的光圈数值是2.8×2=5.6。

这个时候，虽然按照测光结果，仍然能拍摄，但由于实际光圈变小，焦距变长，这个时候，快门速度会变慢，如果手持，可能会因为轻微的晃动而模糊画面，影响图片的清晰度。

加用增倍镜后，镜头的通光量将会受较大损失，所以，必须适当增加曝光量。一般的常用方法是开大光圈或增加曝光补偿。

增倍镜是有点重量的，接到相机上容易头重脚轻，最好放在三脚架上保证平稳，如果担心按快门产生的震动，可以使用2秒自拍，或者用快门线进行拍摄，把震动减到最低。

很多摄影人担心增倍镜影响画质，影响画质这是肯定的，我们关心的是怎样把损失减少到最小。

一是，不同品牌的镜头应选择自己品牌的增倍镜。不少厂家生产的不同型号的增倍镜，对适用镜头的焦距有着严格要求，不能互用，虽然也能成像，但像质将明显下降。

二是，就是一个品牌的也要注意，如佳能FD的使用，FD2X-A型，适用焦距等于或大于300mm镜头，300mm以下镜头必须用FD2X-B。

三是，若所用的相机有TTL功能的话，并且增倍镜也带自动功能时，便可很方便地通过镜头测光来确定曝光值，若用的相机虽带TTL功能，但增倍镜是非自动功能时，此时，相机的TTL功能已不起作用，只能按推算法确定曝光值。

最后说一句，别指望增倍镜能有多好的效果，毕竟没法和专业长焦定焦镜头相比啊。

《用蝴蝶练练手》 摄影 李继强

拍摄数据：EOS 5D Mark II 100~400 mm 镜头 加 FD2X－A 型增倍镜 F8 1/300 秒 ISO 400 白平衡 自动 曝光补偿 －0.7

操作密码：当时没带三脚架，加上增倍镜后，景深变得非常短，手持拍摄很难端稳，照片是失败的，因为不清晰。希望想使用增倍镜的初学者接受这个教训，一定要用三脚架。在照片的所有的要求里，清晰应该是第一位的。

二、变焦镜头的操作技巧

熟悉变焦镜头的操作是现代摄影人的基本功。变焦镜头改变焦距的方法有两种操作形式：

一是双环式操作，对焦和变焦用二个环分别调节，操作略显麻烦，如拍摄爆炸式效果。

二是，单环式操作，就是对焦和变焦都用一个环来调节，操作快速到位，但操作次数多了，随着镜头阻尼的减少，镜筒容易松动。

一般变焦比较小的用双环，变焦比较大的用单环，操作起来各有利弊，习惯就好。

镜头都具有一个被称为"焦距"的参数，焦距就是表示镜头能成像的范围，也就是我们常说的视角的基准数值。镜头的焦距越短，能拍到的范围越广，焦距越长，拍摄的范围越窄。

变焦镜头的焦距是涵盖广角、标准、中焦，甚至是长焦的镜头。变焦镜头的最大优势就是能改变焦距，对于不喜欢更换镜头的摄影人，一款 18-200mm 或 28-300mm 的大变焦比的镜头会带来取景和构图的方便。

在被摄体前试着分别用不同的焦段来取景构图，用广角拍摄大场面，用标准焦段拍摄接近人眼视角的画面，用中焦拍人像，减少透视和变形，用长焦拍局部，获得精彩的小品。在不断变化焦距时，总有你喜欢的画面。

将远处的物体拍得较大是变焦镜头的优势之一。能拉近远离拍摄者的被摄体将其拍得较大更是远摄变焦镜头的魅力之一。

对于初学者来说，利用镜头的变焦功能可以很容易地选择自己喜欢的景致，尤其在大面积的风景面前，用长焦端选择风景的局部，拍人像时，特写是个好的表现方法，用变焦可以简单地向前推一下就实现了。

APS 画幅的变焦镜头，需要乘上一个换算值，佳能乘 1.6，尼康乘 1.5。如 100-400mm 的镜头乘上 1.6 倍即相当于约 640mm。

这也是很多喜欢打鸟的又买不起超长定焦镜头的摄影人偷着乐的地方。但实践证明，拍摄距离远的话，即使是焦距相当于约 640mm 的超远摄拍摄，视角也无法达到只将动物的眼睛放大进行特写的效果。

要利用变焦镜头远摄端，将被摄体的冲击力拍出来，重要的还是要思考如何接近被摄体进行拍摄的问题。

《冬日恋情》 摄影 侯云义

拍摄数据：NIKON D90 F8 1/400 秒 ISO200 白平衡自动

《最后的芳华》
摄影 万继胜

拍摄数据：富士 S205
等效 35mm　F4.8　1/200
秒　ISO 100　白平衡 手
动 曝光补偿 −0.33

操作密码：拍摄时
光线较弱，光圈开到
F4.8 增加曝光量，快门
速度提高到 1/200 秒，
保证了手持拍摄的稳定
性。由于荷花生长在水
中，离相机较远，这时
变焦镜头给取景构图带
来了方便。荷花是摄影
人喜欢拍摄的题材，荷
花生长的各个阶段都可
以出好片，该片选择的
是荷花的枯萎期，希望
残荷给欣赏者带来点深
刻。清晰度、画面调子、
倒影形成的图案及标题，
是该作品的欣赏点。

三、微距镜头的操作技巧

微距镜头就是要用它来在很近的距离上拍摄微小物体的，而拍摄微距时，我们最感兴趣的一个参数就是：当拍摄比为最大时，镜头的前端离拍摄主体之间的距离——最近对焦距离。

可遗憾的是，很多镜头的说明书或是厂家的宣传资料上都没有这个参数，只有"最近对焦距离"。

但最近对焦距离往往因镜头的伸缩程度不一样，而不能精确得知。

最近对焦距离大，并不等于工作距离大。工作距离大时有利于布光，有利于拍摄昆虫等细小动物，而不会打扰它们。

试想如果是拍摄一只停在花上的小蜜蜂，用 60mm 微距镜头去拍，还没等你靠近，蜜蜂就早已逃之夭夭了；可用 100mm 微距镜头呢，情况就大不一样，你可以更远离蜜蜂，不至于吓跑它，然后从从容容地拍摄。

拍摄微距照片，诀窍就是聚焦要精确。因为微距照片的清晰焦点范围很小。例如，拍摄花朵上蜜蜂的微距影像，必须确保蜜蜂精确聚焦清晰。

假设从镜头到蜜蜂的距离变化了哪怕不到 1 厘米，都会失去清晰焦点。

因此，在拍摄奇妙的微距照片过程中，聚焦是极折磨人的。有些摄影人喜欢自动对焦，听见蜂鸣音就按快门了，这种操作方法不好。我建议你先构图后用手动选择自动对焦点的方法，或干脆就 MF，手动对焦。

操作步骤是这样，先在镜头上设定大约的放大率，调整光圈，接近主题，先粗略对焦，再构图，再精确对焦。

手持拍摄注意快门速度。

尤其想用小一点的光圈时，可以用提高 ISO 感光度的方法，来提高快门速度。

注意自己身体的投影遮挡被摄体，使被摄体很难得到它所必须的充足的光线。

一只 100 毫米的微距镜头的优势就在这里，因为它能使你在离被摄体较远处的地方拍摄。

野外拍摄微距作品时，注意风的作用。

在非常近的距离上拍摄时，即使被摄体轻微的移动，也会造成十分模糊的影象，为了避免画面上花朵的摇动，在花的一边撑起了一块白色卡纸做的反光板，权当防风篱，同时用细金属丝使花茎变得稳固些。

选择专门的微距闪光灯，供微距摄影专用。微距闪光灯闪光指数比较小，只适于近距离拍摄。

微距闪光灯都是套在镜头的前端，可以营造无影的拍摄效果。

佳能有微距环形闪光灯 MR-14EX 和微距双灯闪光灯 MT-14EX；尼康有微距环形闪光灯 SB-29。

再好的方法，没有好的工具做保证，效果也出不来，推荐两款拥有率较高的微距镜头供你选择时的参考。

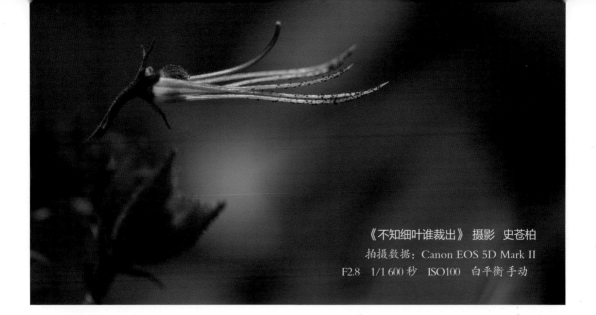

《不知细叶谁裁出》 摄影 史苍柏
拍摄数据：Canon EOS 5D Mark II
F2.8 1/1 600 秒 ISO100 白平衡手动

佳能 EF 100/2.8L IS USM

目前，价格为 96 000 日元（折合人民币为 7 680 元）。

2009 年，佳能宣布推出首款"双重 IS 影像稳定器"的中远摄微距镜头：EF 100/2.8L IS USM。该镜头采用 12 组 15 片的光学结构，在第 4 片镜片采用了对色像差具有很好补偿效果的 UD（超低色散）镜片。光圈单元采用了电子脉冲控制的 EMD 光圈（电磁驱动光圈）。并且采用了 9 片光圈叶片的圆形光圈。其能够以光学方式同时对"倾斜抖动"和"平移抖动"进行补偿，在普通拍摄时具有相当于约 4 级快门速度的手抖动补偿效果。

很棒的微距镜头，性价比非常的高色彩比前两代百微饱和一点，九片光圈到 F5.6 时，背景光斑还挺圆。各光圈下解像力都很优秀。画面油润有层次感，锐度很高，做工精致，虽然是塑料的但是精密度还是很高，防尘防水处理，使用起来更省心。IS 声音很小，IS 的加入使得它可以兼顾微距以外其他题材的拍摄，如人像。对焦快、内变焦、全时手动对焦也是很爽的功能。

缺点是价格比原来的非红圈百微高不少，但是对得起这个价格，毕竟是红圈 L 头了。

尼康 AF-S VR105mm f/2.8G IF-ED

105mm 定焦镜头，全金属镜筒，有距离窗，有"M-A"自动、手动切换开关，9 片光圈叶片，它的滤镜尺寸是 62mm，最大光圈 F2.8，最小光圈 F32，重量 790g，价格是 6 500 元人民币。带上遮光罩后，说它帅呆了，一点也不过分。很多摄影人用它兼职人像摄影，经济实惠，是尼康用家拥有率较高的一支。

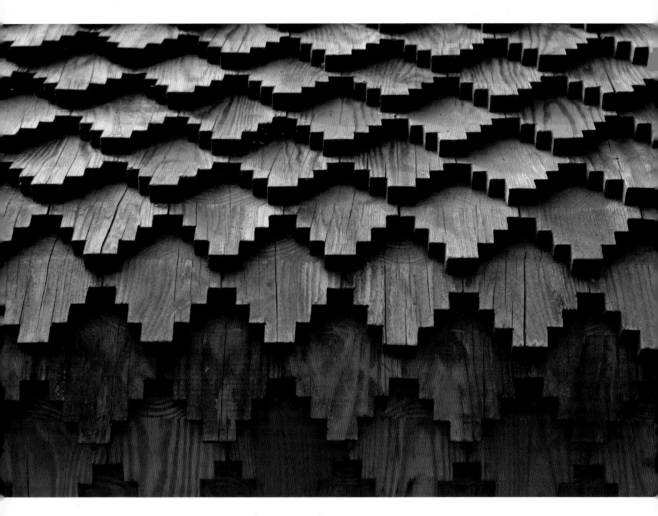

《局部的魅力》 摄影 李继强

拍摄数据：Canon EOS 5D Mark II 相机 F10 1/10 000 秒 ISO 1 600 曝光补偿 − 0.33

操作密码：这是用佳能微距镜头拍摄的特写照片。表现物体局部的质感，光线下的立体感觉及斑驳的色彩是拍摄的目的。我喜欢画面的节奏，这样的画面其实我们身边有很多，细心点都可以发现。

四、超广角镜头的操作技巧

平日大家选择镜头的时候，多会选择标准焦段的各类变焦以及定焦镜头，长焦也是摄影爱好者喜爱的选择，但超广角受到的关注则比较少了。这与超广角镜头焦段的应用有关，短焦距使得视角相当大，除了拍摄风景题材外，其余题材的应用都有较大的局限性，夸张的空间透视感让人像等题材产生较大的形变，即便如此，超广角在拍摄大场景时表现出来的气势却是中长焦段的镜头无法表达的。

超广角镜头则是指那些焦距小于 16mm 的镜头。

这种镜头可以激发出我们的创造力，但也会给使用带来极大的困难。

今天我们来看一下，主流的超广角镜头当中，哪些镜头较为热门，其操作技巧有哪些？

镜头分析：这是佳能 EF-S 10-22mm F/3.5-4.5 USM 镜头，是专为 APS-C 尺寸 EOS 数码单镜头反光相机设计开发的超广角变焦镜头，相当于 16-35mm 的视角，有两种 3 片非球面镜片和一片超级超低色散镜片，整个变焦范围内保持优异的成像质量，采用圆形光圈，可全时手动对焦，全焦距范围内最近对焦距离 0.24 米。价格 5 450 元人民币。

超广角镜头的操作技巧

用更大的广角镜头并尽量地靠近主体来特意制造一个扭曲的肖像。

广角拍摄会将天空很大的一部分显现出来并创造出一幅优美的图片。

突出前景。蹲下来或者将你的相机镜头对向下方以便使前景作为拍摄的主体。由于前景上的物体会比背景上的更靠近镜头，相比之下他们会显得非常的大。当你越靠近你拍摄的景物，这种突出的感觉就愈发显得强烈。

把大的环境包括进去。拍摄可以让镜头捕捉到更多的信息，基本上包括从脚下一直到天空。画面留给天空更多的部分，这样的画面更有种空旷和静谧的感觉。

远离我们习惯的标准视角。追求戏剧喜剧的效果，或希望得到一种卡通般的漫画效果。超广角镜头很适合用来讲故事，会给画面增加戏剧般的效果，使画面更具表现力。它可以向我们展示出从未见过的场景。

由于夸张的视角，通常广角镜头很难保证整张照片的锐度。收小光圈是一个有效的做法，但即使是 f/11 或 f/13，也无法保证完美的锐度。因此你需要决定把焦点对在哪里，掌握好手中镜头的最佳光圈。

对广角镜头来说，自动对焦也会出现一些问题。即使数米外的被摄体也会显得非常小，因此会难以对焦。此时手动对焦也许是个更好的选择，先确定一个视觉中心，然后手动对其对焦。

广角镜头要面对的另一个问题是镜头耀斑。由于视角较大，拍摄场景中往往会有明亮的光源，这就足以产生具有破坏性的耀斑。最适合使用广角镜头的时间是被称为"魔法时刻"的清晨和黄昏。据说广角镜头在冬天表现更好，因为大雪会降低天空与地面的光比。

每次拍摄前仔细地构图。

找到直线的"汇聚"点，并对其对焦。

在极近的距离拍摄，靠近镜头的物体会被夸张地放大，比如拍人时的鼻子和前额。不过在拍摄环境人像时，超广角镜头是很有用的，可以在商店、办公室或工作室中拍摄，表现出人物生活工作的环境。

用好超广角镜头可以在前景中布置一些有趣的东西，否则画面中会出现大片的空白。对于风光摄影来说，可以降低机位，在前景中摄入一些野花或石头。

注意寻找对构图有帮助的线条，给画面增加更好的视觉效果。

注意有趣的天空。因为超广角镜头会摄入大量的天空画面，可以利用云彩构成一些线条和色彩。

拍摄建筑时尽量保持相机水平。

在空气干净的天气里，偏振镜可以增加色彩饱和度，而多云天气中适合使用中灰渐变镜，或详细设置相机的反差和饱和度，向创作靠近。

靠近被摄体。你离被摄体越近，画面的戏剧效果就越强烈。

仔细检查画面，不要拍到无关的东西，比如你的双脚、三脚架支脚之类。

在拍摄风光时最好使用三脚架。

《梦中的桥》 摄影 李继强

拍摄数据：Canon EOS 5D Mark II　F11　1/500 秒　ISO 160　曝光补偿－1

操作密码：一座被水淹没的石桥，唤起我拍摄的欲望，用镜头的广角端，从不同的角度手持拍摄了两张。后期进行了简单的叠加处理，并压暗了画面，企图表现梦幻的感觉。

五、中焦镜头的操作技巧

摄影圈一般把 70mm、80mm 、100mm、135mm 焦距的镜头称中焦镜头。

中焦镜头可以是定焦的，也可以是变焦镜头的一部分。

它的优势是高分辨率的画质、迷人的大光圈、舒适的视角及便携性。

一般购买中焦镜头，都是一头两用，拍人像和拍微距。佳能的百微和尼康的 105mm 微距镜头都属于中焦专业镜头，镜头设计极为考究，无论从视觉效果、手感上说，都是真正的专业风范。

相对三四千元的价格来说，绝对是物超所值。

从光通量来说，中焦镜头的最大光圈可以达到 2.8，所以，在低照度的条件下，较锐的画面是这一类镜头的特点。

中焦镜头的影像畸变小，在人像摄影领域使用较多，用它可以轻松地拍摄全身、半身、特写像，而且摄影者和模特的距离适中，极利于和模特进行交流。尤其难得的是微距镜头提供的超近距离可以拍摄普通人像镜头所不能拍摄的人像的局部特写。2.8 的最大光圈控制画面虚实效果，为突出主体创造了条件，而微距镜头无可挑剔的成像质量可以使拍出的人像毫发毕现。

中焦镜头因其有较大的光圈，在拍人像时对喜欢追求柔和焦外和模糊效果的摄影人，很容易得到这样的画面。

为什么中焦镜头非常适合拍摄人像？因为可以在一定的拍摄距离内得到透视比较正常的肖像。如果使用广角镜头来拍摄肖像，拍摄距离要很近，于是造成透视变形，夸大了被摄者的某些部位特征；如果用长焦镜头来拍摄肖像，一是拍摄距离要比较远，二是镜头的特性使被摄者的透视被压缩。在大多数场合下，中焦镜头都能给出很好的拍摄效果。当然，用其他焦段拍摄也不是不可以，这里讲的是大多数场合。

中焦镜头因其有较大的光圈，有利于消除背景的干扰。

人像拍摄中最重要的元素之一是背景，好的背景不会干扰对主体的欣赏。

处理背景的方式有多种，在拍摄前最好从取景器中观看，如果背景不好，条件许可的情况下，转换一个地方或者角度，避开不好的背景。

如果条件不允许，那么最好开大镜头的光圈，使景深减少，背景由于在焦外，所以全部虚化了。当然，条件许可的话，也可以用人工背景。背景的处理是很重要的，要养成在按下快门前检查取景器中影象的习惯。

小链接：衍射

衍射是指光波折向物体阴影部分所产生的现象。这就像大量的水流经狭窄的河口时，会在河口附近产生漩涡的现象相似。镜头中的光圈就相当于河口，当光圈收缩到很小的状态时，光线折向光圈的背面，造成部分光线的乱反射。其结果会使拍摄的图像清晰度下降，使画面看上去模糊。这种现象被称为"衍射现象"。

《邀明月》 摄影 李继强

拍摄数据：Canon EOS 5D Mark
II F13 1/650 秒 ISO 200 白平
衡 自动 曝光补偿 -0.33 评价测光

六、长焦镜头的操作技巧

变焦比超过 4 倍的变焦镜头，也就是说 200mm 或以上的变焦镜头，摄影圈里称长焦。长焦包含的信息没有广角那么大，各元素容易组织起来。我们都知道，摄影是减法，长焦相对广角而言，比较容易实现减法。

焦距较长的优势，可以把远处的景物拉到近处拍摄；可以使画面的前景与后背景得到较大的虚化；构图取景时有利于排除干扰；有利于表现物体的细节。

长焦一般都是单环推拉操作，一般都有手抖动补偿功能，操作时可以选择。

长焦镜头的小型化是发展趋势，搭载图像稳定器和防水滴防尘结构，颠覆了长久以来人们对镜头重量的认识，出色的便携性使其成为户外摄影的理想选择。

从易用性来说非常适用于从动物摄影、自然摄影到体育摄影等非常广的领域。

《步调一致》 摄影 安吉柱

拍摄数据：NIKON D40　　F9　　1/250 秒　　ISO200　　白平衡手动　　曝光补偿 -0.3

长焦镜头的操作技巧

注意画面的清晰度：长焦镜头一般都是用来拍摄较远的景物，由于空气的吸收及漫散射光线的影响，拍摄的影像反差较小，尘粒消光较  严重，拍摄出的景物不够清晰和透亮，想保证影像的清晰度可以在相机里设置增加反差和锐度，还可以选用高质量的偏振镜、紫外线滤色镜，以提高照片的反差和清晰度。

使用较高快门速度：长焦镜头的视角小，拍摄时对相机的抖动极敏感，长焦镜头成像的放大倍率大，被摄体运动或握持照相机不稳、晃动，影像的位移也相应增大，如果不采用较高的快门速度"凝固"被摄体，底片上的影像就会由于"微动"现象而发虚，拍出不清晰的照片。长焦镜头的焦距比标准镜头长几倍，快门速度就必须同等地增加几倍，且不得慢于镜头焦距数的倒数。比如，用 200mm 的长焦镜头拍摄，快门速度就应该不低于 1／250 秒。

要适当增加曝光量：长焦镜头的焦距长、镜身长、镜片数量多，减弱了光线到达底片的强度，必须增加曝光量才能补偿光线的损失。通常，焦距在 200-400mm 的镜头需要增加 1/3 级曝光量；焦距在 400mm 以上的超长焦镜头需要增加半级的曝光量。

最好使用三脚架：用长焦镜头拍摄时，使用稳固的三脚架，一是能够防止相机的抖动，保证影像的清晰度；二是有利于使用较慢的快门速度和较小光圈，以克服长焦镜头景深小的不利因素。长焦距镜头景深很小，特别是在近距离拍摄时景深往往只有几毫米，在极短的瞬间既要取景构图又要对焦，还要持稳相机，很不容易，只有使用三脚架能帮助你更准确地对焦取景。

压缩感的制造：选择有一定排列规律的画面，从斜侧面，利用长焦镜头空间压缩的现象，把握画面的感觉。长焦镜头的成像特点是产生空间透视压缩感。利用这一特点，原来有相当距离的前后景物，可拍得好像紧紧相邻在一起。因此，用长焦镜头是很容易表现紧凑拥挤的画面效果的。

构图更方便：用长焦镜头拍摄风光可以从纷乱的场景中选择想要表现的景物。当然拉近被摄体、压缩空间距离和呈现浅景深都是长焦的特性，而且只要稍微移动镜头的拍摄角度，就可改变原来的构图，将被摄体充满画面，构图更紧凑，用这些特点拍摄风光中的小品更有味道。

使用长焦镜头应主动地换角度，花体力多换几个位置，你才能找到那个最佳的拍摄点和构图。注意前后的重叠、地平线的位置等。

要注意相机设置：逆光下拍人像，可以用长焦端对焦、测光，然后按 AE-L 来锁定测光，重新构图并使脸部拥有合适的曝光。

使用遮光罩能减少耀光和漫射光线的影响，这对长焦镜头更为重要。

用长焦拍摄的画面一般色彩饱和度不高，可以在相机里设置饱和度来弥补。

同一个地方不要怕重复地去，因为光线是神奇的化妆师，它能给你不一样的感觉。

长焦镜头的镜筒较长，重量重，价格相对来说也比较贵，而且其景深比较小，在实际使用中较难对准焦点，因此常用于专业摄影，初学者使用要练好基本功。

《满洲里雕塑园一角》 摄影 李继强

拍摄数据：Canon EOS 5D Mark II F13 1/650 秒 ISO 200 白平衡 自动 曝光补偿 -0.33 评价测光

七、鱼眼镜头的操作技巧

鱼眼镜头是一种焦距约在 6-16mm 之间的短焦距超广角摄影镜头，"鱼眼镜头"是它的俗称。

为使镜头达到最大的摄影视角，镜头的前镜片呈抛物状向镜头前部凸出，与鱼的眼睛颇为相似，"鱼眼镜头"因此而得名。

鱼眼镜头最大的作用是视角范围大，视角一般可达到 220° 或 230°，这为近距离拍摄大范围景物创造了条件；

鱼眼镜头在接近被摄物拍摄时能造成非常强烈的透视效果，强调被摄物近大远小的对比，使所摄画面具有一种震撼人心的感染力；鱼眼镜头具有相当长的景深，有利于表现照片的长景深效果。

鱼眼镜头的成像有两种，一种像其他镜头一样，成像充满画面；另一种成像为圆形。

无论哪种成像，用鱼眼镜头所摄的像，变形相当厉害，透视汇聚感强烈。

操作技巧：

鱼眼镜头独树一帜的变形效果能为我们带来与众不同的视觉感受。

鱼眼镜头也能记录同样宽广的场景，但由于其独特的鱼眼变形效果，最终作品更具个性，鱼眼镜头颠覆了我们惯有的拍摄思维模式，使用鱼眼镜头最重要的就是跳出常规思维模式，勇于发现新的视角。

当你装上鱼眼镜头尝试了一系列构图方式后，你会发现最好用的还是对称构图，使用这种构图方式拍摄了许多成功的作品。对称构图之所以能成功，我想和鱼眼镜头的球状扭曲方式有关系。

使用鱼眼镜头拍摄，在取景时应尽可能靠近拍摄对象，否则一切在照片中都会变得非常小。

一般来说，即便使用广角镜头，我们和被摄对象之间至少也隔了 1m 开外的距离。习惯这种拍摄方式的人刚拿到鱼眼镜头，一定会感觉到非常不习惯。但如果想体验鱼眼镜头的独特世界，就大胆向前吧。

了解鱼眼镜头的特性，越接近画面边缘的线条，其变形就越大。如果把地平线安排在画面中央，那么它就会是水平的。把地平线安排在画面边缘，就可以极大地夸张它的变形。

无论你是在寻找乐趣，还是为朋友拍摄照片，最重要的事都是一定要有趣。鱼眼镜头是定焦镜头，你不能改变焦距长短。因此，需要用双脚来变焦。

尝试不同的拍摄角度，多多试拍。你可以附下身趴在地上拍，或者靠着一面墙利用线条变形创造不同的效果。

鱼眼镜头的好玩之处就在于可以通过不同的俯仰和倾斜，逼近和退步来获得完全不同的奇异效果。所以在拍摄中，熟练地前进后退、俯仰和倾斜是控制镜头变形，拍出自己想要图片的前提。

尽量避开垂直线条。

强制闪光可以帮助你压暗背景，把拍摄主体从背景中凸显出来；

就光圈来说，f/8 的光圈值，会将你需要的一切细节纳入在极大的景深中。

鱼眼镜头视野开阔，你必须要离被摄物体足够近才能让它占满画面，但是它的优势在于物体的变形和扭曲，从而得到更加立体的三维空间感。我建议你使用鱼眼镜头从高处俯拍，效果会非常好。

利用鱼眼镜头营造特殊氛围是合适的想法。

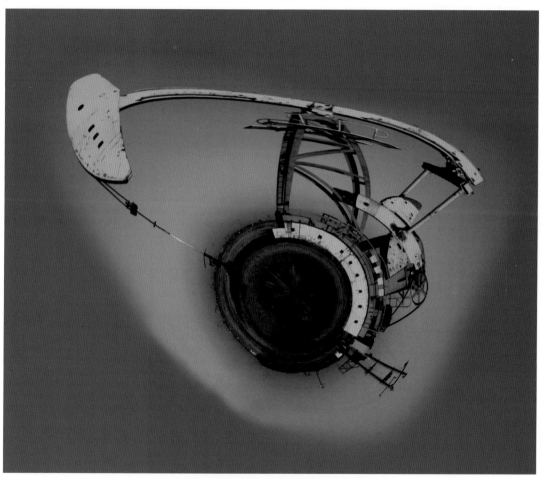

《伟大的抽油机》 摄影 李继强

拍摄数据：Canon EOS 5D Mark II　F22　1/320 秒　ISO 800　白平衡自动　曝光补偿 -0.33　评价测光

操作密码：感觉鱼眼镜头的变形不舒服，就在后期 Photoshop 里用滤镜里的扭曲→极坐标做了一下，就是现在的效果，就是想突出抽油机，这个日夜不停、鞠躬尽瘁为祖国做贡献的精神。

八、移轴镜头的操作技巧

这是佳能的三款移轴镜头。

目前常见的移轴镜头有佳能 TS-E24mmF3.5L 和 TS-E45mmF2.8，尼康 PC28mmF3.5 和 PC85mmF2.8D 等。

移轴摄影镜头是一种能达到调整所摄影像透视关系或全区域聚焦目的的摄影镜头。

移轴摄影镜头最主要的特点是，可在相机机身和感光元件平面位置保持不变的前提下，使整个摄影镜头的主光轴平移、倾斜或旋转，以达到调整所摄影像透视关系或全区域聚焦的目的。

移轴摄影镜头主要有两个作用：

一是纠正被摄物的透视变形；

二是实现被摄体的全区域聚焦，使画面中近处和远处的被摄体都能清晰地成像。

移轴摄影镜头在建筑摄影中的运用最多。

拍摄建筑物的外形，多用广角焦距的摄影镜头拍摄，但由于广角镜头近大近小的透视效果，使拍摄出来的建筑物外形线条向上方汇聚，而利用移轴镜头拍摄建筑物外形，能依靠镜头的透视调整功能纠正这种线条汇聚现象，使画面中出现的建筑物没有通常的那种倾斜、甚至好像要倾倒的感觉，仍然表现得很垂直。

移轴摄影镜头还常常被用来拍摄全区域聚焦的画面。

商业摄影中的产品广告拍摄，常把这种镜头的平移和倾斜拍摄功能组合使用，在纠正被摄体透视变形的同时，获得一般摄影镜头难以达到的全区域聚焦的效果。

移轴镜头可以消除透视变形，是因为一般镜头拍摄高大建筑物时，为了拍摄到全景，镜头需要上仰，结果胶片或感光元件平面与高楼的主线有一定夹角，上部由于物距较远而变小，造成透视变形。

移轴镜头移动后镜头中心不通过胶片或感光元件中心，因此其上下部到达镜头中心距离不相等，上部虽然物距较远，但是对应的下部像距也较远，相应的放大率的改变抵消了透视变形，只要保证胶片平面或感光元件与建筑物主线平行，拍出的照片就没有透视变形。

景深控制不但要求镜头有移轴功能，还要求镜头有摆动功能，如佳能的 TS-E 镜头。从镜头上可以看到有一条弧线和刻度，转轴附近还有一点平面，这都是为转动功能服务的。

移轴加上摆动，可以使一个倾斜平面聚焦到焦平面上，从而使倾斜平面上的物体成像清晰。这在普通镜头上是做不到的。普通镜头只能使垂直于镜头中轴的平面聚焦清楚。

移轴镜头的这些功能，都是大型座机才有的。实现这些功能，不但要求复杂的机械结构，还要求镜头有更大的视场、更大的后工作空间，所以移轴镜头都是很贵的。由于特殊的机械结构，移轴镜头一般没有自动光圈。

单反移轴镜头属于特殊镜头，其独特的机械结构，使得移轴镜头具有倾角和偏移功能，可以拍出一般镜头没有的独特画面效果，展现移轴镜头的无穷魅力。

《冰的世界》 摄影 李继强

拍摄数据：Canon 5D Mark II　F5.6　1/8 秒　ISO200　白平衡 自动　曝光补偿 −0.3

技巧1：拍摄出长腿美女

操作要领：启动实时显示拍摄模式，将相机设置在人脸的高度，解除镜头的移动锁定旋钮，转动移动旋钮，让镜头向下方偏移。在画面之外的脚部也被收入了画面。再让整体看上去均衡之后确认细节成像是否合适。

在确定整体构图之后，使用手动对焦，将放大框移到模特眼部的位置，按下机身背面的"自动对焦点选择／放大"按钮提高放大倍率。

因为脸部在整个画面中所占面积不大，所以使用 10 倍放大能够更准确地进行对焦。合焦之后轻轻释放快门进行拍摄。

拍摄出腿部显得修长的人像的基础在于相机拍摄的高度。

将相机的高度设置为和人物脸部高度一致，利用大成像圈，让镜头向脚部偏移，将全身都收入镜头。

虽然从低角度拍摄腿部也会显得较为修长，但是在从下往上仰视拍摄的情况下，能看见鼻孔，所以不太适合拍摄女性人像。而且从角度上必须让模特稍稍收下额，所以脸容易看起来较胖。而将相机设置在模特脸部高度使用偏移手法拍摄的话，就连脚趾尖看上去也像是腿的延长，所以显得腿部很修长。同时，下额和头部线条流畅，不会破坏脸部的印象。这个摄影技巧同时运用了广角镜头的广角和移轴镜头的偏移功能，虽然 90mm 移轴镜头也能进行同样的拍摄，但是由于视角关系很难将足尖拍入画面，所以效果不那么明显。另外，由于 APS-C 尺寸相机比 35mm 全画幅相机视角狭窄，所以可以使用 17mm 移轴镜头增强上述效果。

技巧2：如同微缩模型般的风景

虽然拍摄的是远景，但由于合焦部分只是集中在一点上，因此看起来就像拍摄的是微缩模型一样，有一种不可思议的感觉。

使用了移轴镜头的倾角功能，让合焦面倾斜进行拍摄，拍摄这样作品的关键点是利用人眼的错觉。

操作要领：

将相机安装在三脚架上并启动实时显示拍摄。因为必须进行精确合焦，所以在这里使用实时显示拍摄功能进行拍摄准备。比起光学取景器来，实时显示拍摄易于对画面细节进行观察，在移轴摄影时使用该功能非常有效。

然后使用倾角功能让合焦面倾斜。使用移轴镜头的倾角功能让镜头朝向天空的方向大幅度倾斜，只让画面的一小部分合焦。因为是往被摄体相反的角度进行倾角，所以这种手法叫做"反向移轴"。

最后，使用 10 倍放大显示进行对焦，之后释放快门。为了更正确地进行对焦，将画面放大 10 倍。让合焦位置处于整幅画面视觉上最想突出的部分。如果是合焦于人和汽车等上的话，易于体现出类似于微缩模型一样的气氛，合焦位置确定之后释放快门。

用移轴拍风景看起来就像是微缩模型一样，很不可思议。这样的照片现在正在悄然兴起。之所以看起来像模型是因为它的虚化效果。就像是微距拍摄一样，合焦部分和大幅虚化的部分存在于一张照片上，它很好地利用了这样的错觉。一般镜头在较长的摄影距离上无法拍摄出这样的效果，但是使用移轴镜头能够自由控制合焦面的方向，所以能够得到这样的特殊视觉效果。拍摄这些照片应该尽可能在高处。

可以在瞭望台或者高层大楼上透过窗户俯瞰拍摄。理论上使用任何焦距的移轴镜头都可以拍摄，但考虑到虚化的程度以及拍摄范围，如使用全画幅相机，则 TS-E 45mm f/2.8 较为方便。

《城市一角》 摄影 李继强

拍摄数据：NIKON D300　F11　1/500 秒　ISO 160　白平衡 自动

技巧3：补偿建筑物的变形

在拍摄高层建筑等情况下产生的下宽上窄的情况，是因为拍摄角度的问题。使用相机仰视拍摄时，由于透视感的影响，大楼的顶端就会变窄。为了避免这样的情况，只要将相机正对大楼，让相机保持垂直就可以。

因此，理论上即使使用普通镜头拍摄高层大楼，只要将相机放在约合大楼一半高度的位置拍摄，就可以避免变形的发生。但是现实上这几乎是不可能的。

移轴镜头的偏移功能能达到和抬高摄影位置同样的效果。也许镜头的偏移量只有大约10毫米，但是因为让光轴产生了很大偏移，所以这一点点移动也能产生很大的效果。用移轴最适合拍摄高层建筑，即使从人行道上拍摄那些需要仰视的建筑也能拍得笔直。

操作要领：

一是，一定要使相机保持垂直。

二是，在进行偏移之前测光，将相机设置为手动曝光模式。不管是哪一种移轴镜头都可以使用光圈优先自动曝光模式等进行自动测光，然后拍摄。

但是如果进行比较大的倾角或偏移操作，由于镜头的移动比较大，会造成测光不太稳定。所以在进行倾角和偏移之前，可以使用光圈优先自动曝光等模式进行测光，之后在手动曝光模式下设置相机计算出的光圈值和快门速度，再进行必要的微调然后拍摄，这样最终照片的亮度会比较稳定。

三是，使用偏移补偿大楼的下宽上窄。首先必须确认相机正对着作为拍摄对象的大楼。然后转动移动旋钮，将镜头向上方偏移，补偿拍摄高层建筑时发生的下宽上窄现象。可以利用对焦屏上的网格线，观察建筑物的形状变化，慎重地进行补偿操作。

四是，仔细确认合焦情况，释放快门。在将所拍摄建筑的外形补偿好之后，认真进行对焦然后拍摄。特别是画面的四周由于光学取景器的视野率问题可能不能全部观察到，所以应该仔细确认有没有多余物体被拍摄进画面。

技巧4：对纵深更有效地合焦

不用为了加大景深而大幅缩小光圈是这个技巧的核心。对于由斜面构成的被摄体，可以使用倾角功能让镜头的前部随着斜面倾斜。这样就可以使合焦面倾斜。

使用一般的镜头时，图像感应器和合焦面平行，所以必须调整光圈来获得景深。

而使用 TS-E 24mm f/3.5L II 拍摄时，F4的光圈值就基本能够得到对整个画面的合焦效果，如果使用不能倾角和偏移的 EF 24-70mm f/2.8L USM 在收缩光圈到 F16 时，才能够得到对画面整体合焦的效果，但过度收缩光圈会因为光线的衍射现象让画质下降。

操作要领：

一是，根据被摄体的方向转动镜头

根据被摄体的朝向和纵深调整倾角的方向，为了让镜头可以左右进行倾角操作，旋转镜头的转动装置。新型的 TS-E 24mm f/3.5L II 镜头在镜头卡口具有转动装置，在镜头中间具有 TS 转动装置，使倾角与偏移的组合更加自由，所以操作起来会更方便。

二是，启动实时显示拍摄功能

为了使用手动对焦（MF）进行精确对焦，

使用实时显示拍摄功能。使用光学取景器很难判断远景的细节是否合焦，所以在使用移轴镜头时使用该功能十分方便。

三是，确认倾角的调整量

调整镜头倾角。对画面的中央附近合焦之后，沿着画面的纵深旋转倾斜旋钮，同时观察相机背面的液晶监视器。确认从前景到远景都在倾角控制的合焦面范围之内。

四是，注意画面整体的平衡进行对焦

在对焦时要注意整个画面的平衡，细致地调整倾角的角度。然后前后调整对焦，选择最平衡的合焦位置。合焦后再进行微调，这样在最大光圈下，沿着画面的斜面合焦就没有问题。

五是，锁紧各锁定旋钮后再进行拍摄

合焦调整全部完成之后，将倾斜锁定旋钮和移动锁定旋钮锁紧，固定镜头。拍摄前的准备就此完成。在这里将镜头改变到自己想要的光圈值，按下景深预视按钮再次确认景深，如果各细节的成像没有问题，就可以释放快门进行拍摄。

技巧5：有趣的全景接片

利用 TS-E 24mm f/3.5L II 的偏移功能，得到了相当于相机水平移动的效果。将在不同偏移位置分别拍摄的两张照片在画面中央附近合并成了全景照片。

因为使用了移轴镜头的偏移，相机并没有移动，因此并未产生透视感且合并处也几乎看不出来。该全景照片中同一位模特出现两次，作品显得别具一格，有趣。

操作要领：

一是，严格调整相机的水平与垂直

全景摄影时，较平时更强调相机的水平与垂直。如果拍摄时相机有所倾斜，那么合成后的照片会产生更大的倾斜。若是再加上镜头产生的歪曲像差等，就变得难以合成了，这一点需要注意。

二是，将拍摄模式设置为手动

利用移轴镜头的偏移拍摄全景照片时，不仅要小心合并处还要注意两张照片的曝光差异。即使很好地保持了相机的水平与垂直，两张照片若有亮度上的偏差也会很难合成。因此要使用手动曝光模式使两张照片的曝光完全一致。

三是，使用偏移拍摄用于合成的素材

拍摄准备工作结束，开始进入合成素材的拍摄阶段。事先需要测试偏移的程度。要注意合并处的背景不能过于复杂。而且一旦确定合焦位置后就不可以再移动。如果画面中的透视感太明显，就利用小光圈下的景深来合焦，分别拍摄合成用的两张照片。

四是，使用原厂专用软件合成图像

拍摄结束后，将合成用的素材照片复制到电脑中。启动 EOS 数码单反相机附带的"PhotoStitch"软件打开图像。因为可以切换图像，所以无需更改文件编号。之后，按照步骤进行操作就可以了。只要拍摄时严格调整各个设置，就能够获得几乎完美的成像。

《城市的边缘》 摄影 李继强

拍摄数据：Canon EOS 5D Mark II TS-E24mm F3.5L 镜头 F8 1/350 秒 ISO 200 白平衡 自动 曝光补偿 -0.33 评价测光

操作密码：使用倾角功能让合焦面倾斜，让镜头朝向天空的方向大幅度倾斜，只让画面的一小部分合焦。因为是往被摄体相反的角度进行倾角，所以这种手法叫做"反向移轴"。让合焦位置处于整幅画面视觉上最想突出的部分。最后，使用 10 倍放大显示进行对焦，之后释放快门。

小链接：
关于镜头的"硬"与"软"

照相镜头对成像起着决定性的作用。由于缺乏全面、准确、客观的镜头质量评价标准，人们一般都是以镜头的"线对"数，即镜头的分辨力来认定镜头的优劣。其实，分辨力固然是关系到镜头质量的相当重要参数，但单凭分辨力是不足以反映镜头实际拍摄效果的。比如，取两只不同厂家生产的，焦距、口径和分辨力均相同的镜头实拍，就会发现结果会有很大的差别，其中一个很主要的原因，就是镜头的反差，亦即镜头的"软"、"硬"在起作用。

说到反差，是摄影者非常熟悉的字眼，数码相机的反差除了和图像传感器本身有关，还与所用的软件、参数设置有关，那么，镜头的反差则是随镜头而恒定的，只能通过选择镜头来加以改变。

国外厂家生产的镜头都各有特点。像德国徕卡相机用的镜头，镜片镀了特种增透膜，使光线的透过率几乎达到 100%，其成像的分辨力和反差等指标均极其卓绝。日本尼康相机配的镜头也是以反差和分辨力极高而著称的优秀"硬"质镜头。佳能厂的镜头分辨力同样极高，反差则较弱，以"软"质而闻名。日本其他几家相机厂的镜头中，奥林巴斯、宾得的镜头反差较接近于尼康镜头，中等偏硬。美能达、图丽、确善能的镜头则中等略偏软。

相机镜头的反差反映了镜头对景物原反差的表现能力。那么，反差是硬好，还是软好？对此，摄影界和制造厂家均存在着两种对立的意见。认为硬好的理由是：可以提高成像的清晰度，影像锐利，细节部分表现好。认为软好的观点是：软镜头成像质感细腻，层次过渡柔和。两种意见相持不下，因而形成了镜头市场的软、硬并存。

一般来说，硬性镜头适用于以记实为主和追求细节表现的摄影项目，这种镜头的表现力更为真实，更为具体。所以，新闻摄影记者、体育摄影师等都喜欢用这种镜头。

软镜头有助于掩饰不必要的细节，层次柔和丰富。摄影史上的画意摄影、印象摄影流派就是借助软镜头来强化其表现效果。当今的人像摄影和舞台摄影领域，还有不少人仍偏爱软质镜头。软质镜头在彩色摄影中也有一定的优势，因为数码相机的层次表现力不及传统胶片，硬质镜头由于反差高不利于高光部分和阴影部分的表现，造成层次的损失较多，照片反差偏高。软质镜头则使层次过渡柔和，视觉效果较理想，这也是很多喜欢拍摄人像的朋友更喜爱佳能相机的原因之一。

但是，我们这里谈及的镜头软硬，差别程度是比较小的，只是相对比较而言。它们对成像的影响是有一定限度的，对此，在有清醒的认识的同时，也不用为自己的选择得意或上火。

而且，说句心里话，镜头的软硬一般都是指在相机的默认值状态下说的，现代的数码相机在低通滤镜的过滤下，几乎什么镜头都一样了，更何况画面的锐度、反差、饱和度等是可以调整的，经过调整后的画面，镜头的原始默认值的影响是微乎其微的。不要把精力用在这块，要把功夫花到画面的意义上，传达的准确和情感信息是作品的立足之要点。

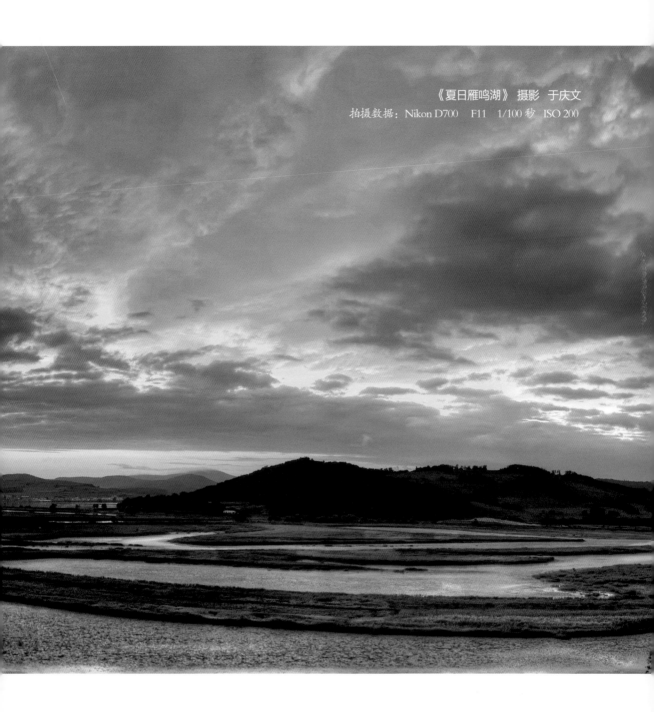

《夏日雁鸣湖》 摄影 于庆文
拍摄数据：Nikon D700 F11 1/100 秒 ISO 200

《蓄势与勃发》 摄影 张桂香
拍摄数据：Nikon D700 F22
1/200 秒 ISO 200 白平衡自动
曝光补偿 −1

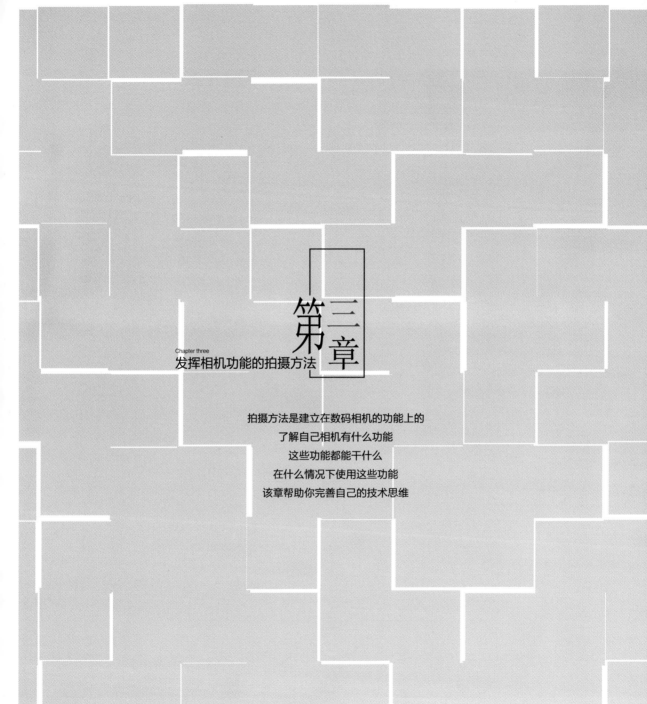

Chapter three
发挥相机功能的拍摄方法

第三章

拍摄方法是建立在数码相机的功能上的
了解自己相机有什么功能
这些功能都能干什么
在什么情况下使用这些功能
该章帮助你完善自己的技术思维

面对数码相机丰富的功能，在选择拍摄方法时都想些啥，要注意什么？把这些功能在拍摄现场变成手段，通过设置这些功能来提高作品的表现力是目的。

一、拍摄方法与速控屏幕

速控屏幕，就是在相机后面的 LED 上快速控制调整相机功能的屏幕，常用的需调整的功能集中在该屏幕里一目了然，不用再去寻找按钮和菜单，是选择拍摄方法后调整相机的捷径。现在不同品牌的数码相机几乎都有速控屏幕，只不过名称不一样，如尼康叫"信息显示"。我们选择一个速控屏幕来分析，我选择佳能 EOS 5D Mark II 的速控屏幕，来具体讲解速控屏幕的各项功能的含义与操作时的思考点。

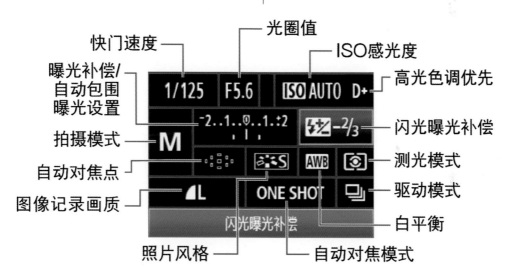

佳能从 EOS50D 开始采用速控屏幕，后面的所有机型都用这个方法，来快速选择拍摄时相机的设置。

打开速控屏幕常用的有三种方法，一是，垂直按下"多功能键"；二是，按下"INFO 键"；三是，有的机型是按"Q 键"。

设置的方法：出现速控屏幕后，用"多功能键"倾斜选择某个功能，当被选择的功能变蓝后，就可以用拨盘或手轮来具体选择参数了。选择完成后，轻点快门就进入拍摄状态了。

下面具体分析设置时的选择对拍摄方法的影响及操作要点。

1.设置快门速度的经验

从最高的 1/8 000 秒到最慢的 30 秒,甚至 B 门,你选择哪一档速度?一般拍摄我倾向快一点的速度。

手持拍摄快门速度以能端稳为标准,各人能力不一样,一般不能低于 1/125 秒。

根据镜头的焦距来设置快门速度,一般是镜头焦距的倒数。如 200mm 镜头,应选择 1/200 秒。

快门速度设置的越快,凝固动体的能力越强。例如,刘翔的跨栏需要 1/500 秒,快速飞翔的鸟需要 1/1 000 秒。想提高快门速度,有两个方法,可以调高 ISO 和开大光圈。

选择慢速拍摄,例如拍摄流水、夜景等,选择小光圈、中灰镜、减光镜和早晚的弱光可以达到目的,要用三脚架来稳定相机。

操作密码:把模式调到 A 档,把光圈开到最大,得到的最慢速度是 1/8 秒,试验了一张,感觉速度还是快,流水模糊的效果不明显,没带灰镜,坐等了两个多小时,等天暗下来,拍摄成功。

2.设置光圈值的经验

选择现在使用的镜头的最佳光圈,一般在 F5.6- F11 之间;

光线晦暗,开大光圈,光圈越大,进光越多;

光线强烈,缩小光圈,光圈越小,进光越少;

想突出主体,虚化背景,开大光圈;

想让画面从前景到远景都清晰,缩小光圈,光圈越小,清晰范围越大;

光圈可以 1/3 级控制,如 5,5.6,6.3,7.1,8,9,10,11,13 等。

光圈越小,快门速度越慢,要用三脚架。

操作密码:把模式调到 A 档,把光圈开到 F5.6。当时用的是 24-70mm 的镜头,光圈恒定,用 70mm 端拍摄。照片风格用的是"风光",曝光补偿-0.3,在"详细设置"里调整了"色调"+3,得到这张作品。后期又稍稍做了点调整。

3.设置ISO的经验

在全自动设置状态下，ISO 感光度是自动的（在 100-3 200 间自动设置），调整不了；

天气晴朗的室外，可以设置为 L、100-200（L 相当于 ISO50）；

多云的天空或早晚，可以设置为 400-800；

黑暗的室内或夜间，可以设置为 1 600-6 400，H1、H2（H1 相当于 12 800、H2 相当于 25 600）；

M 档和 B 门，感光度相机自动固定为 ISO400；

建议使用较低的感光度，目的是减少噪点。

操作密码：逆光下，生长在岩缝里的小草叶片晶莹剔透，当时没带三脚架，用的还是 100-400mm 的镜头，怕端不稳相机，把作品拍虚了，采用提高感光度的方法，把 ISO 提高到 800，效果还是满意的。

4.设置高光色调优先的经验

D+ 是高光色调优先的意思，可以在自定义功能里设置，在菜单的 C.Fn II -3 里。如果选择"启动"，可以提高高光细节。画面的动态范围是从标准的 18% 灰度扩展到明亮的高光。可以使灰度和高光之间的渐变会更加平滑；

拍摄中间调作品时可以打开该功能，如果想自己控制画面的反差，就应该选择关闭；

可设置的 ISO 感光度范围将为 200 - 6 400。

操作密码：我一般是不用"高光色调优先"这个功能的，拍摄这张作品时，看到大面积的高光出现在画面里，想了一下，试试这个功能，得到的效果还是比较理想的。用三脚架，把三脚架的腿都收回，用 24-70mm 镜头，把光圈缩小到 F16，低角度，焦点对在画面前三分之一处。

5.设置拍摄模式的经验

现在画面显示的是 M 档，是手动曝光档，使用概率是很少的，一般是自动曝光有困难时使用，或有创意想法时采用，手动选择曝光量可以参考曝光标尺；

选择 P 档时是考虑改变曝光组合的方便；

选择 A 或 AV 档时，主要改变光圈的方便；

选择 TV 或 S 档时，主要考虑以快门速度为优先选择的拍摄方法时采用。

操作密码：我喜欢使用 P 档，理由是调整起来方便，可以快速改变曝光组合，有很多人不喜欢 P 而喜欢 A，主要是操作方法不对，使用 P 时，要先构图后对焦，然后再快速改变曝光组合，得到自己喜欢的景深。

6.设置曝光补偿的经验

改变画面明暗是补偿的目的；

希望画面沉稳的一般采用负补偿；

高调画面一般选择正补偿；

拍摄现场光线晦暗，可以采用正补偿。

操作密码：我们知道现在的曝光模式，除了 M 档以外，都是自动档，要改变画面的明暗，调整光圈或速度是改变不了曝光量的，常用的方法就是"曝光补偿"，我拍风光一般都负补 0.3-1 档，得到的画面不发飘。

7. 设置包围曝光的经验

一般选择正负一档为好，0.3 或 0.7 的包围，画面变化较小；

包围曝光应当变成一个拍摄习惯，提高成功率；

一般和曝光补偿结合使用。

具体操作：按下多功能按钮，打开速控屏幕，用多功能按钮选择曝光标尺。选择曝光补偿可以用相机后面的大转盘，向前是负补，向后转是正补。选择包围曝光，用快门后面的拨轮，向右拨选择不同的包围范围，向左是还原。如果想在曝光补偿的基础上，在实施包围曝光，可以先选择包围，然后用大转盘选择补偿量和包围曝光的范围。

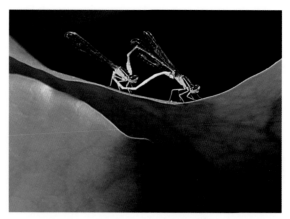

操作密码：用长焦拍摄蜻蜓的爱情行为，蜻蜓处在暗背景里，曝光量不好把握，把相机调整到"包围曝光"，我是先把曝光补偿量调整到 -0.7，在此基础上，又调整到包围曝光，这样按一次快门得到三张不同曝光量的作品。

---

8. 设置闪光曝光补偿的经验

当使用机顶闪光灯或外接闪光灯时，使用该功能；

正补偿增加发光量和覆盖范围；

负补偿减少发光量和光线射程；

拍摄完成后，要回零。

操作密码：用 100-400mm 镜头拍蜻蜓感觉真方便，蜻蜓后面的光斑是浅色的荷花，蓝天把水面映的湛蓝蓝的，我调整拍摄角度，把蜻蜓的位置放在光斑上，打开闪光灯，调整到负补偿，有一点光就够了，目的是打亮蜻蜓的翅膀，照片风格用的是风光。

9. 设置自动对焦点的经验

一般选择中央对焦点；

拍摄静止被摄体时最好选择"手动选择自动对焦点"，可以采用先构图后对焦的方法；

拍摄运动被摄体时可以选择先对焦后构图的方法；

操作密码：太阳快落山了，光线斜斜的，一只小船驶入画面，太好了，兴奋，采用先对焦后构图的方法，举起相机就拍，等小船驶过，得意的回放时，才发现，怎么是黑白的，呀，刚才拍完，没调回来。经验教训是，设置相机拍摄后，一定想着还原设置啊。

10. 设置照片风格的经验

要突出现场氛围可以选择和拍摄意图相对应的选项，如拍风光就可以选择风格选项；

想后期处理作品一般选择"标准"或"自然"；

选择 RAW 图像格式时，选择同上；

现在流行"小清新"拍法，可以在照片风格的详细选项里选择向左调整的手段；

照片风格里的详细选项有个特点，向右浓烈，向左淡彩。

操作密码：我拍摄花卉的要求是"拍不一样的花，把一样的花拍成不一样"。尝试把小清新的表现方法用到花卉的拍摄上，把光圈开大，照片风格选择"自然"，在详细设置里选择向左调整，得到这样的效果。

11. 设置白平衡的经验

　　一般选择"自动白平衡";

　　可以手动选择和光线相对应的选项;

　　也可以创意选择和光线不对应的选项,来改变画面色彩;

　　对色彩还原要求严格,可以选择"K"值,来微调;

　　操作密码:选择傍晚的光线,试验性的调整白平衡,我把白平衡试了一遍,选择保留了这张。表现冰雪,不一定就是白色,可以按自己的意图,拍成灰调、金色调或蓝调,色彩是抒情的有利武器,可以多加尝试。

12. 设置测光模式的经验

　　可以选择四种方法之一来测量主体亮度,一般选择"评价测光",得到中间调的作品;

　　逆光或背景比主体更亮时,选择局部测光,避免拍成剪影;

　　想让作品形成低调,用点测光,测亮处;

　　想让作品形成高调,用点测光,测暗处;

　　想表现主体或场景的某个特定部分,用点测测该部位,而忽略环境,如果还要考虑环境就用中央重点平均测光。

　　操作密码:一般中间调的作品选择"评价"测光,很少失误,得到亮区和暗区都有层次的画面。后期可以选择局部做"选区"适当的提高暗区的亮度,或压暗亮区的亮度。当然,在拍摄现场,详细设置相机是得到高质量作品的第一选择。

13. 设置图像记录画质的经验

　　永远选择"优/最大"为后期剪裁留有余地；有后期处理能力的，选择RAW。

　　具体操作：按下菜单键，选择"画质"，打开后出现菜单，选择RAW格式用快门后面的拨轮；选择JPEG用相机后面的大转盘，选择第二项，就是最大。对于初学者来说，后期差一点，可以选择RAW+JPEG的方法，JPEG的现用，RAW保存，等到后期熟练后，在用RAW处理作品。

　　操作密码：我们很多摄影人，在购买相机时都很看重像素的多少，既然花了大价钱，就全用上好了，我给学生讲课，都要求开到最大，选择最优，这样可以把作品放的很大，也有利于后期剪裁。学习数码摄影一定要学点后期的处理，这样你就可以选择RAW格式来保持作品的质量。

14. 设置自动对焦模式的经验

　　一般选择单点自动对焦，优点是可以手动选择对焦点，还有合焦的蜂鸣音；

　　拍动体一般选择连续自动对焦，缺点是不能手动对焦点，没有蜂鸣音。

　　操作密码：快速移动的被摄体，用连续自动对焦是个好的选择。只要焦点在被摄体上，不管被摄体怎样移动，相机都会自动合焦，尤其是用长焦距的镜头，手动的成功率是很低的。这是佳能600mm镜头拍摄的效果，虽然这款镜头停产了，可又出了一款800mm的更好，拍摄体育，打鸟都是渴求的啊。

二、拍摄方法与照片风格

选择照片风格就是在选择拍摄作品的表现效果。

操作是简单的，只要按下"照片风格"按钮就可以实现。

拍人像时，一般选择 P，可以较好地表现肤色，而且平滑的皮肤色调会显得柔和，尤其适合拍摄特写时的女人或小孩。

拍风光时，可以选择 L，画面会显得非常生动，尤其拍摄鲜艳的蓝天和绿色植物，可以得到非常清晰、明快的作品。

还可以利用各选项下面的详细设置来强化某种感觉和意图：

调整锐度，0－ +7，数字越多，锐度越大，可以用来拍男人，尤其是老男人啊；

调整反差，可以从－4的低反差到＋4的高反差，改变反差拍出的作品给人的感觉是明显的，如提高反差拍风光，降低反差拍人像，你可以试验，找到自己需要的效果。

调整饱和度，可以从－4的低饱和度一直调整到＋4的高饱和度，改变饱和度色彩浓淡变化很大，如提高饱和度可使蓝天接近黑色，降低饱和度拍人像淡彩的效果就有点像"小清新"了。

调整色调，画面色彩偏色变化，拍人像从－4的偏红肤色到＋4的偏黄肤色，每改变一档效果和感觉都有微妙的变化。拍风光时改变色调，有创意的感觉，尤其拍花卉，你改变几次色调，画面效果一定会让你吃惊的。

拍黑白作品时，可以选择 M。

《为谁涟漪》摄影　吕善庆

拍出来的黑白作品要比在软件里转换的效果好。

选择黑白的拍摄方法要注意色彩转换成黑白时的效果，如红色变成黑白就是深灰，绿色就是浅灰等。

可以尝试大量调整设置锐度和反差，改变作品的效果。

还可以用相机里的滤镜，来突出表现某种效果，如拍风光时调整到黄滤镜，就像我们用胶卷时加黄滤镜一样，蓝天显得更自然，白云显得更清晰；加橙色滤镜，会把蓝天压暗，夕阳会显得更辉煌；加红滤镜时，蓝天几乎变黑，秋天黄黄的落叶，会更鲜亮醒目；加绿色滤镜，

拍黑白人像时，肤色和嘴唇的表现你一定会满意，拍风光时，绿色的树叶显得更鲜亮。强调一句，增加反差可以使滤镜效果更加明显。

还可以尝试增加"色调效果"。有褐色、蓝色、紫色和绿色四种选择。

其他的照片风格，如标准、中性、可靠等都是给会后期处理的摄影人准备的，它们的效果一般都是中性的，在记录性和纪实性拍摄时常用，你可以尝试。

全自动档默认的照片风格就是"标准"。

尼康相机里的"优化校准"和佳能的"照片风格"性质基本一样。

努力地登上山顶

视线尽头会有一片海吗

《孤独的摄影人》摄影 吕善庆

《美景面前》 摄影 李继强

拍摄数据：Canon EOS 5D Mark II　F5　1/650 秒　ISO 400　白平衡 自动

操作密码：采用先对焦后构图的拍摄技巧，将焦点对到主体的摄影人上，按住快门锁定焦点，向左轻移构图，等待了一下，等拍摄者交流的一瞬间，按下快门完成构思。

三、拍摄方法与曝光模式

曝光模式分两大类，一类是自动的，另一类是手动的。M 是手动曝光，其他如 P、A、AV、A+、TV、S 及各种场景曝光模式都是自动的，区别只是有所侧重或给予摄影者一定的选择权限而已。

全自动档的拍摄方法

在模式盘上有个方框，摄影圈称绿区、傻瓜档。其实该档一点也不傻，是数码单反相机里性能最强大的，一般用来拍摄记录性、新闻性、纪实性作品。我称其为不会拍摄失败的曝光档。只需对准被摄体按快门就可以，简单地操作省出很多时间，用在构图和瞬间抓取上。其实，也不是什么都不能设置，可以设置画质

和驱动模式，就是单拍、连拍、自拍或遥控。

有两个拍摄技巧：

一是，先对焦后构图技巧

就是半按快门对静止被摄体对焦，按住快门不抬手，对焦点就被锁定，可以向左或右平移几厘米重新构图、按下快门拍摄。

二是，保持焦点覆盖技巧

拍摄运动体时，半按快门按钮，只要保持使自动对焦点覆盖主体，就可以持续进行对焦。因为，在全自动模式下，如果在对焦时或对焦后主体移动，也就是说主体与相机的距离改变，相机里的人工智能伺服自动对焦将会启动，对主体持续进行对焦。保持焦点覆盖，随时都可以按下快门拍摄。

CA档的拍摄方法

CA档也叫创意自动模式。默认设置和全自动档一样，全自动档自动调节所有设置，而CA创意自动模式在自动调节的基础上，可以让你轻松地改变作品的亮度、景深和色调，在加上画质和驱动，可以改变五项设置。具体操作：把模式盘对准CA，按下多功能键出现菜单，然后按拍摄意图调节。

一是，调整背景的模糊与清晰效果。如果向左移动索引标记，背景将显得更为模糊。如果向右移动索引标记，背景将显得更为清晰。实际就是在控制景深。

二是，调整曝光，让画面亮一点或暗一点。

如果向左移动索引标记，照片将显得更暗。如果向右移动索引标记，照片将显得更亮。实际就是在控制画面的明暗。

三是，调整照片风格，可以选择标准、风光、人像和单色。

四是，调整画质，一般画质选择后是不改变的，这个选项没用。

五是，驱动模式，可以根据拍摄情况具体选择。

注意：如果改变拍摄模式或关闭电源开关，创意自动设置将恢复默认值。然而，图像记录画质、自拍和遥控设置将被保留。

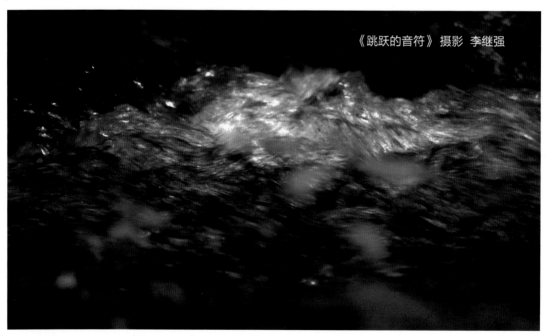

《跳跃的音符》 摄影 李继强

拍摄数据：Canon EOS 5D Mark II　F 5.6　1/500 秒　ISO 200　白平衡 自动　曝光补偿 −0.3

操作密码：用大白的 400mm 焦段拍摄，焦点对在流动的水上，用大光圈把前景的树叶虚化，在相机的设置上，按下多功能键在出现的菜单里，按拍摄意图调节了曝光量，向左移动索引标记，照片显得更暗一些，符合自己的创作意图。

《归去来兮》 摄影 李继强

拍摄数据：Canon 5D Mark II F8 1/250秒 ISO400 P档 曝光补偿－0.3 白平衡自动

P档的拍摄方法

P档在教科书上称"程序自动曝光"，是根据主体的亮度相机自动设置光圈和快门速度。

使用自动档时，你自己能设置的功能很少，而P档状态下，你可以随意设置相机的其他功能。这是P档的最大优势。

P档在程序自动曝光时，可以在保持曝光值不变的情况下，按着拍摄意图改变相机设置的光圈和速度的组合，这称为程序偏移。只需半按快门按钮，然后转动拨盘选择所需的光圈和快门速度组合。

在P档状态下可以选择光圈、快门速度，可以选择白平衡、感光度、自动对焦方式、驱动模式、图像记录画质等。

P档是自动曝光档，利用程序偏移可以改变曝光组合，但不能改变曝光量，如果想在P档状态下改变曝光量可以选择曝光补偿、锁定、包围、测光方式等。

用曝光补偿改变曝光量的方法：在P档状态下，选择一个曝光组合后，选择曝光补偿功能，负补补偿减少画面的亮度，使画面变暗，正补补偿增加画面的亮度，使画面变量。可以选择补偿的量的多少。

用锁定的方法改变曝光量：选择画面你认为亮度合适的区域，对准后按下曝光锁定按钮，将当前的曝光量锁定，然后重新构图拍摄，释放的曝光量是锁定后的亮度。注意，锁定的时间一般是16秒，要在16秒内操作完成。

用曝光包围的方法来改变曝光量：一般设置正负一级的曝光量，这样曝光量改变明显，便于曝光后选择某一张。

用不同的测光方式改变曝光量：用不同的测光方式，对相同的地方测光，得到的曝光量是不一样的，尤其是点测光是相当灵敏的，很容易得到高调或低调的画面效果。

总之，我称P档为万能档，在创作时把相机调整到P档状态下，如果不想改变曝光量，直接拍摄就可以了，一般得到的是中间调的作品，想改变相机的曝光量，改变设置，P档也是最理想的选择。

注意：如果在创作时想改变曝光组合，应在构好图后，在不改变构图的情况下，在不移动相机的情况下，快速用拨盘调整曝光组合，然后拍摄，这是使用P档的良好习惯。如果在调整好曝光组合后，又重新移动相机改变构图，曝光组合也会随之改变的。

《感悟生命》 摄影 李继强

拍摄数据: Canon EOS 5D Mark II　F5.6　1/1 000 秒　ISO 400　白平衡 自动　曝光补偿 -0.3

操作密码: 采用先构图后对焦的方法拍摄。具体操作是先构图, 然后按下自动焦点选择键, 手动选择自动对焦点, 把焦点对在人物的脸上, 用语言与被摄者交流, 抓取认为比较好的瞬间按下快门, 完成拍摄。这个方法需要熟练的操作, 不要让被摄者等, 可以一边与人物沟通一边操作, 需要多次练习哟。

A档的拍摄方法

A 档的含义？由拍摄者确定一档光圈，由相机根据拍摄现场的光线自动决定快门速度。

选择 A 档的目的就是可以由你决定使用哪一档光圈，这个很重要，控制光圈的大小是摄影的基本拍摄技巧，也是摄影的主要表现方法之一。

怎么控制？操作是简单的，选择一档光圈很容易，关键是为什么选择这档光圈，而不是其他，理由是什么？尤其是初学者一定要试着给出自己的理由。

选择小光圈的理由：光圈越小，画面清晰范围越大，也就是景深越长，这是由光圈的原理决定的。

把更多的前景和背景拍清晰，画面的信息量就大，一般适合用来拍摄风光和记录性作品。如新闻照片、集体合影、纪念照片等。

光圈多小合适？一般 F8 或以上都为小光圈。手持拍摄选择小光圈，一般要看快门速度，如果光圈缩的太小如 F22，进光量少了，速度会很慢，手持端不稳。如果非要用小光圈就应该使用三脚架。

镜头都有个最佳光圈值，一般是在 F8-F16 之间，光圈太小会出现光线的衍射，影响画面质量。

选择大光圈的理由：光圈越大，画面清晰范围越小，也就是景深越短，目的是控制画面的清晰范围，大光圈的清晰范围小，可以把对主体没有帮助的语言虚化掉，达到突出被摄主体，强化视觉效果的意图。

大光圈适合拍摄花卉、特写人像、小品等题材。

光圈多大合适？首先要看你使用什么样的镜头，一般镜头的最大光圈是 F3.5，而专业的镜头一般都在 F2.8。

这也是都要买专业镜头的理由，最大光圈大！然后，要看你的表现意图，当然是光圈越大，虚化效果越好，可是光圈越大，画质也相应下降啊。

最后，再说说你开大光圈的目的，当然是虚化多余的语言。没错，但这里有一个误区，一说要虚化，就把光圈开到头，其实，虚化有四个要素，一个是光圈大；二是离被摄体的距离近；三是用镜头的长焦端；四是远离要虚化的背景。

我的做法是，把最大光圈缩小一档，努力靠近被摄体，再用长焦焦段拍摄，而且离要虚化的背景较远，这样得到的效果是最好的。

都虚化什么？一是前景，在主体前面的景物，对主体没有帮助，就可以利用虚化来模糊它。

如主体前面的树梢、小草、人物等，具体方法是利用前景深外的不结像区来虚化，就是把相机向前靠近，使要虚化的物体，处在前景深以外，就可以达到目的。

二是，虚化背景，把焦点对准主体，开大光圈，靠近被摄体，远离要虚化的背景，用长焦镜头来拍摄，这样效果就出来了，主体是清晰的，背景是虚化的、模糊的，简化了语言，强调了主体，也渲染了某种氛围，在朦胧的背景前，主体的清晰美得到衬托。

注意：选择 A 档后，面对不同的被摄体，光圈是不会改变的，如果场景或亮度改变，相机会自动调节快门速度，而不是改变光圈。

《守家捕鱼勤交替 只为嗷嗷待哺儿》 摄影 何晓彦

拍摄数据：NIKON D300　F 10　1/400秒　ISO 400　白平衡 自动　曝光补偿 - 0.3

操作密码：这是用"陷阱"法拍摄的。当时用的是 18-200mm 的镜头，用单点手动选择自动对焦的方法，事先对好焦点，构图时留出空间，把驱动方式设置到"连拍"，不断地轻点快门按钮确认焦点，等待另一只回来，过程很辛苦，要耐心。等另一只进入画面就按住快门不抬手，快门就连续释放，我一口气拍了 6 张，选择了这一张。

S档的拍摄方法

在速度上寻求变化是选用S档的目的。

S档的特点：由摄影者选择一档速度，光圈自动根据现场光线变化，来得到正确曝光。

速度的选择规律：选择不同快门速度的规律是，选择的速度越快，光圈就越大，选择的速度越慢，光圈就越小。

安全快门：所谓安全快门，就是将使用的镜头的焦距数，倒过来，得到的数字就是安全快门速度。举例，使用200mm镜头时，快门速度就是镜头的倒数，1/200秒。手持拍摄一般选择稍快的速度，有利于相机的稳定，尤其是使用长焦镜头时。如果拍摄现场的快门速度慢，达不到安全快门速度，可以调整感光度，如ISO0400或ISO0800，稍高的感光度是不会出现人眼能识别的噪点的。

快速度的特点：用快速度可以凝固快速运动的物体，如刘翔的跨栏，1/500秒就可以得到清晰的画面。

用快速度加连拍，能提高抓拍的成功率，不会漏掉精彩的瞬间。

慢速度的特点：用慢速度可以把运动的物体拍虚，如拍摄流水，一般1/2秒就可以得到很好的虚化效果。

两点注意：一是，要养成使用三脚架的习惯，三脚架在慢速度拍摄时是不可缺少的工具。二是，在S档的使用上，很多初学者在设置慢速度时，往往只考虑现场能使用多慢的速度，而忽略光圈的承受能力。过慢的快门速度，造成曝光过度。在设置慢速度时要注意看一下光圈，当光圈闪烁时，表示光圈已经超过极限，就是相机认为的正确曝光极限。在现场的光线下，快门速度能多慢？验证的方法很多，介绍一种光圈验证法：将模式调到A档，然后调整光圈到最小，得到的快门速度就是当前现场的最慢速度。

《水银泄地》 摄影 李继强

拍摄数据：Canon EOS 5D Mark II F4.6 1/40秒 ISO 100 白平衡 自动 曝光补偿 -0.3

操作密码：这张作品用的快门速度是1/40秒，就把需要的感觉拍出来了。这和流水的速度有关系，慢慢流淌的小溪，可能需要很慢的速度，而快速奔流的水，稍快一点的速度就可以达到目的。

有时拍摄现场受光线的限制，速度慢不下来，可以采取灰镜的方法，减慢快门速度，也可以等天暗下来再拍啊。

M档的拍摄方法

M 是手动曝光模式。也就是说光圈和快门速度都是手动调整的，是由拍摄者根据自身的经验来选择、判断之后的曝光模式。手动档可以在曝光上更大程度地自由发挥，是为某种特殊目的而常用的手段。

什么时候用 M 档来曝光？自己对快门、光圈以及外部光线有非常好的理解和掌握的时候，想拍出与众不同的照片的时候，就可以用 M 档。一般长时间曝光拍夜景、特殊光线下及棚拍结合闪光曝光时常用。

新手不推荐使用。如果想尝试，请参看"标准曝光量指示标尺"。具体操作是这样，半按快门按钮，在取景器里和屏幕上将显示曝光设置下面的曝光量标志可以让你了解你现在的曝光量与标准曝光量之间的差距，按其给出的曝光量调整后就可以拍摄了。

要设置快门速度用快门旁边的手轮，设置光圈用速控转盘。

根据需要自己设置光圈与速度，对尝试创作和充满好奇心的摄影人，是一个诱惑和挑战，也是摄影的乐趣之一。

《澎湃的诱惑》 摄影 李继强

拍摄数据：Canon EOS 5D Mark II　F 6.4　1/250 秒　ISO 100　白平衡手动　曝光补偿 –0.3

操作密码：该作品采用了一个小技巧，就是在曝光前往镜头上哈了一口气，快速操作，结果就是这样。也不是一次成功的，前后哈了 3 次才感觉满意，而且是在有人的地方用手指在 UV 上擦了一下。如果是冬天就更好了，一次保证成功。

《能记录声音就更好了》 摄影 李继强

拍摄数据：Canon EOS 5D Mark II　　F 6.4　　1/350 秒　　ISO 100　　白平衡自动　　曝光补偿 −0.3　　包围曝光

操作密码：这是选择包围曝光得到的作品，从我希望的明暗里选择了这张。是在曝光补偿 −0.3 的设置下实施的，暗下去的环境，突出了树叶和水的质感。

四、包围曝光的拍摄方法

什么是包围曝光？就是相机通过自动更改快门速度或光圈值，在一定的范围内改变曝光量，自动连续拍摄 3 张图像，这称为自动包围曝光。

要认识包围曝光的图标，AEB 是自动包围曝光符号。

"在一定的范围内改变曝光量"是指在 ±2 级或 ±3 级范围内以 1/3 级为单位调节曝光量。例如拍摄风光，一般选择正负一级设置，拍摄人像一般选择 1/3 级为单位调节，因为正负 0.3 或 0.7 级是小幅的改变，大幅度改变一般在风光上。

如果与自动包围曝光结合使用曝光补偿，将以曝光补偿量为中心应用自动包围曝光。

拍摄照片时，对焦并完全按下快门按钮，

如果驱动模式设为单张，则必须按 3 次快门按钮，当设定了连拍并且完全按下快门按钮不抬手时，将会连续拍摄 3 张照片，然后相机将停止拍摄。这样就会得到 3 张曝光量不一样的照片，顺序是标准曝光量、减少曝光量和增加曝光量，当然，这个顺序是可以人为设置来改变的。

如果相机设置为自拍或遥控，将按设置的时间延时后拍摄。

注意：自动包围曝光不能使用闪光灯或 B 门曝光。

什么时候使用包围曝光呢？答案是：想改变相机给出的自动曝光量时；想寻找某种明暗感觉时；让画面的明暗感觉带有个性意识时。

五、拍摄方法与曝光补偿

曝光补偿是改变相机给出的自动曝光量的手段之一。

就是用于改变相机所测定的曝光值，从而使照片更亮或更暗的一种功能。

曝光补偿是一种曝光控制方式，一般常见在 ±2-5EV 左右。

曝光补偿也是有意识地变更相机自动演算出的" 合适 "曝光参数，让照片更明亮或者更昏暗的拍摄手法。

拍摄者也可以根据自己的想法调节照片的明暗程度，创造出独特的视觉效果来。

一般来说相机会变更光圈值或者快门速度来进行曝光值的调节。

说明书给出的解释是：" 曝光补偿用于改变照相机建议的曝光值，从而使照片更亮或更暗。"

数码相机的曝光，除了 M 档以外，相机不管你把它设置到什么模式下，相机都会给出一组它认为是正确的曝光数据，得到一张曝光比较正常的照片是没有多大问题的。

那为什么还要补偿呢？关键在 " 改变 " 上，摄影到一定程度后，都不甘心于相机自动得到的曝光结果，想把照片拍出味道，有自己的个性，改变自动得到的相似结果。

于是，把相机给出的曝光值，看成是 " 建议的曝光值 "，在这个基础上改变某些设置来体现自己的创作意图。

可以改变的设置很多，曝光补偿就是改变的手段之一。

怎么改变？一般有两种可能：" 使照片更亮或更暗 "。

在 P 档状态下，因为是程序自动曝光，不论你如何调整，曝光量都是固定的，如改变光圈，速度会自动补偿，如改变速度，光圈也会相应改变，所以改变自动曝光量需要用曝光补偿。

在 AV 或 A 档状态下，我们的目的是改变光圈，控制景深，开大光圈，景深浅了，速度提高了，可曝光量并没有改变，想改变曝光量请选择曝光补偿。

在 TV 或 S 档状态下，你可以按拍摄的想法和要求调整速度，光圈自动补偿，和 A 档一样曝光量没有改变，想改变曝光量请选择曝光补偿。

补偿多少？根据画面曝光的需要，负补偿多了，画面发暗，正补偿多了画面发白。我的经验是，拍风光，一般常规负补偿 0.3；拍摄低调作品需要多加负补如 -1，甚至 -2；拍人像，一般正补 0.3；高调人像多加正补如 +1 等。

与中央重点或点测光一起使用时，其效果最为显著。

因为中央重点测光或点测光仅测量画面的一部分，当这部分较亮时，再做正补偿，会形成高调的照片，如果测量的部分较暗，再进行负补偿，会形成低调的照片。

和一般的场景模式拍出的中间调照片区别很大。

《伏尔加河畔》 摄影 李继强

拍摄数据：Canon EOS 5D Mark II P9 1/320 秒 ISO 200 曝光补偿 –2 白平衡 手动 照片风格 风光
操作密码：在曝光补偿减少 2 档的设置下，采用自定义照片风格的方法拍摄。具体操作：饱和度 +3，反差 +4，微调了色相，得到了这张作品，也试验了几次，这是我比较满意的。感慨一下，现在的数码相机在创作上太方便了，可以控制的功能让摄影的乐趣大增，而且最幸福的就是可以立即回放，给试验带来变数。

《小小摄影家》 摄影 李继强

拍摄数据：Canon EOS 5D Mark II   F11   1/500 秒   ISO 400   白平衡 自动

六、拍摄方法与自动曝光锁

太阳是我们的主要光源，它是复杂的，多变的，当然也是丰富的，充满魅力的，关键是如何使用它。我们的画面是有限的，如何在有限的画面里表现自己的意图，得到满意的曝光效果是每张作品都要考虑的问题，用自动曝光锁可以帮你实现曝光目的。可以从以下方面思考：

要思考拍摄主体的光线情况。光线从什么方向照射到主体上，如逆光人像，就需要锁定人像的曝光量。

要思考主体与环境的关系。锁定画面里主体的曝光量，改变与环境的关系。

锁定画面里不同的光线，如受光面、阴影等，会得到不同的画面效果。

用自动曝光锁营造作品的基调。锁定亮区或暗区会得到高调和低调的作品。

用自动曝光锁锁定一种曝光量来拍摄接片，为后期带来方便。

自动曝光锁操作时要注意测光模式的状态，在评价测光状态下自动曝光锁和焦点联动，就是说，相机自动选择自动对焦点时，自动曝光锁用于合焦的自动对焦点；手动选择自动对焦点时，自动曝光锁用于选定的自动对焦点。在局部测光、点测光和中央重点平均测光状态下，自动曝光锁用于中央自动对焦点，也就是说，在这三种模式下自动曝光锁只对中央自动对焦点有效，或只锁定中央自动对焦点所测的地方。

当镜头的对焦模式开关置于手动（MF）时，自动曝光锁用于中央自动对焦点。

一般的操作习惯应该这样培养，用中央自动对焦点，对准要锁定曝光量的地方，按下锁定键，然后重新构图拍摄。

《独角戏》 摄影 李继强

拍摄数据：Canon EOS 5D Mark II   F5.6   1/100 秒   ISO 400   白平衡 自动   曝光补偿 -0.3

操作密码：爬山累了，被大部队拉下了，坐在路边休息，用手中的 400mm 镜头四处观看，结果发现了它。400mm 镜头的最大光圈就是 F5.6，背景虚化的较好，用快门轻轻锁住焦点，重新构图，给花鼠的视线前方多留点，这样构图看着舒服。

七、拍摄方法与测光模式

测光模式一般有三种状态，评价测光、局部测光、点测光。

评价测光操作

评价测光作用于整个画面，按平均为 18% 的灰度给出正确的曝光，以光圈和快门速度的结果来展现。

这个方法的好处是可以轻易获得均衡的画面，不会出现局部的高光过曝，整个画面的直方图均衡，适合拍摄中间调的作品。从实用角度来说，适合拍摄集体合影等。

局部测光操作

局部测光是对画面的某一局部进行测光。测光范围约占画面的 8% 左右。建议：拍摄时如果是逆光，或者背景比主体亮时，用该测光方法。也就是说，当被摄主体与背景有着强烈明暗反差，而且被摄主体所占画面的比例不大时，运用这种测光方式最合适。比评价测光方式准确，又不像点测光方式那样由于测光点太狭小需要一定测光经验才不容易失误。

适用拍摄用途：特定条件下需要准确的测光，测光范围比点测光更大时。

由于可对被摄体某个部位进行精密的测光，正是这种"断章取义"可以使摄影者按自己的意图左右画面的曝光效果，达到创作目的，因此，局部测光是摄影创作的重要手段。

规律是：如果选择亮部测光，亮部得到正确曝光，暗部欠曝，更暗，得到低调作品；

如果选择暗部测光，暗部得到正确曝光，亮部过曝，更亮，得到高调作品。

点测光操作

点测光是一种更加精确的测光模式，它的测光大约只测画面中 2% ~ 3% 的面积，不考虑周边环境亮度，因此可确保摄影者完全按照自己选择的某个具代表性的"点"来测光曝光，所以能满足严格的曝光要求。

点测光是一个适合要求较高的摄影者需求而设计的模式，主要为了对付特殊拍摄条件下的测光需要。

该模式在测光和拍摄时，因为测光系统只测量取景范围中很小的面积，完全不考虑周围其他景物的曝光需要，因此有经验的摄影者利用它能预测到最后照片的实际影调效果。

要用好"点测光"模式，有一个重要前提，就是摄影者要知道画面中什么位置适合选为"点"作为测光标准。

点测光设计的主要特点是其窄角度测光范围，能确保测算画面中主要表现对象所需曝光量，能满足特定环境下的测光需要。

例如，针对主体与背景反差亮度特别大的对象，如舞台摄影中常常有追光灯打在演员身上，而背景几乎一片漆黑，如果不用点测光必定出现主体曝光过度；拍摄日出日落场景，也需要摄影者针对天空实际亮度选择某一个区域来还原或自己希望的亮度，同样要依赖点测光才比较可靠。

另外，逆光摄影等场景，采用点测光模式也比较合适。

《和谐的点线面》 摄影 李继强

拍摄数据：Canon EOS 5D Mark II　F5.6　1/100 秒　ISO 400　曝光补偿 -0.3　白平衡 自动

操作密码：年年都拍荷花，想出新真难。我想了很多方法，这张是"寻找另类组合"法，得到的作品。在荷塘边慢慢移动，仔细观察荷塘里的组合，因为有目的，发现了很多有意思的组合，这是其中一张。最好带着后期的想法，这样得到的画面更多，如多了个荷叶，多了个阴影等，自己知道可以后期擦除或剪裁。

八、拍摄方法与白平衡

在选择拍摄方法时，白平衡对要采用的方法影响很大。

白平衡是相机的色彩管理系统，决定最终得到的画面的色彩效果。

在思考拍摄方法时对白平衡要尤其重视，有以下多个思考点：

了解白平衡的原理，就是"使用白平衡可以使白色区域呈现白色"；

WB 是白平衡识别符号；

一般记录或经验较少，可以选择自动白平衡；

如果在自动白平衡状态下，不能获得自然的色彩，可以手动选择对应该光源的白平衡图标；

要知道，对人眼来说，无论在何种光源下白色物体均呈白色，而数码相机需要使用软件对色温进行调整，从而使白色区域呈现白色。这个调整是色彩矫正的基础。可以是自动调整，也可以手动调整，调整的目的有两个，一是在照片中呈现自然效果的色彩。二是偏向某种主观色彩，达到创作的目的；

手动选择白平衡图标是直观大概的调整，想微调可以选择"色温"功能。

在全自动模式下，白平衡是自动选择的；

你可以自定义白平衡，使用自定义白平衡可以更准确地为特定光源手动设置白平衡；具体自定义的方法是这样，先选择拍摄一个白色物体，平坦的白色物体应该充满点测光圆。手动对焦并为白色物体设置标准曝光。然后导入白平衡数据。拍摄时调出就可以使用了。有些初学者在自定义这块总感到困惑，其实，只要按说明书一步一步地操作，还是很简单的，关键是在拍摄现场你要想到使用它和知道怎么操作，还要预判可能出现的效果。

不正确的曝光也影响白平衡，如曝光不足或曝光过度；

您可以选择白平衡偏移功能，矫正已设置的白平衡。这种调节与使用市面有售的色温转换滤镜或色彩补偿滤镜效果相同。每种颜色都有 1-9 级矫正。该方法适用于熟悉使用色温转换滤镜或色彩补偿滤镜的摄影者；

要记住代表颜色的符号：B 是蓝色；A 是琥珀色；M 是洋红色；G 是绿色；

用多功能键选择偏移量；用速控转盘选择白平衡自动包围曝光的包围量，向右转动转盘设置蓝色 / 琥珀色包围曝光，向左转动设置洋红色 / 绿色包围曝光；

设置好偏移量和包围量后，只需进行一次拍摄，可以同时记录 3 张不同色调的图像。在当前白平衡设置的色温基础上，图像将进行蓝色 / 琥珀色偏移或洋红色 / 绿色偏移包围曝光；

白平衡包围曝光可以设为 ±3 级，以整级为单位调节；

由于每次拍摄将记录 3 张图像，因此拍摄后写入存储卡的时间更长，别着急；

想快速退出偏移和包围可以按 INFO. 键；

数码相机设置白平衡的目的是还原客观色彩，没错。在创作时我们可以思考一下主观色彩的操作，有时候偏色是营造新颖、氛围、创意的手段；例把白雪拍成蓝色、夕阳拍成红色等。

《乖乖狗》 摄影 李继强

拍摄数据：Canon EOS 5D Mark II　F2.8　1/6 000 秒　ISO 200　白平衡 自动　曝光补偿 -0.3

操作密码：江边的台阶上，主人在晒太阳，小狗也乖乖地眯起眼睛享受着，一切都是静静的，生活在这里温馨着。我当时用 24-70mm 的镜头，开大光圈，放慢脚步，轻轻的按下快门，小狗听见快门声，慢慢的睁开一只眼，看了我一眼，又慢慢的闭上，根本没拿我当回事。现在看到这张照片我还会被感动，我们这些忙忙碌碌的人啊。

九、拍摄方法与感光度

感光度其实就是相机里的 COMS 对光线的敏感程度。ISO 从 100 到 6 400 就是它的感光范围。当然还有更高的，很少用到，我一般就设定在 ISO200 上。使用经验是，数字越小，出现噪点的几率越小，影像的品质越高。当然，在正常光线下，ISO800 都是可以接受的，这也为创意摄影时提高快门速度奠定了基础。

感光度是感光材料产生光化作用的能力，是影像感应器对光线的敏感程度的一种指标。感光度对摄影的影响表现在两方面：一是速度，更高的感光度能获得更快的快门速度，这一点比较容易理解；二是画质，越低的感光度带来更细腻的成像质量，而高感光度的画质则是噪点比较大。

在设置相机的感光度时，一般不要用自动，而是选择较低的如 ISO100 或 200，目的是保证画质，这是设置感光度时的基本思路。如果光线较暗，手持拍摄快门速度低，怕持机不稳，可以提高感光度，一般手持相机拍摄 1/125 秒是较保险的快门速度。

《走，回家》 摄影 张广慧

拍摄数据：NIKON D80 F8 1/150 秒 ISO 400 白平衡自动 曝光补偿 -1.3

十、拍摄方法与闪光灯

闪光灯是人造光源，当自然光不足时可以选择用闪光打亮被摄体，来获得正确曝光。

闪光灯的发光特点是，覆盖面积有限，近亮远暗。可以利用这个特点在暗背景前突出被摄体，被摄体被闪光灯打亮，得到正确曝光，背景会因距离而暗下去。

很多单反相机都在机顶有内置闪光灯，你对该灯了解多少？

内置闪光灯在基本拍摄区模式下，如全自动档、CA 档、场景模式的人像、微距等，快门速度在 1/250 秒 – 1/60 秒的范围内自动设定，光圈自动。内置闪光灯会在低光照和逆光条件下自动弹出并闪光。

创意拍摄区模式下，需按下闪光灯按钮才能弹出内置闪光灯。要收起内置闪光灯时，用手指将其向下按回。

P 档是在 1/250 秒 – 1/60 秒的范围内自动设定，光圈自动。

TV 档是 1/250 秒 – 30 秒的范围内手动设定，光圈自动。

AV 档的快门速度是自动设定，光圈需要手动设定。

M 档需要在 1/250 秒 – 30 秒的范围内手动设定，光圈也需要手动设置。

B 门的速度是只要按住快门按钮期间就将持续曝光。光圈也需要手动设置。

场景模式里的夜景人像的快门速度是在 1/250 秒 – 2 秒的范围内自动设定，光圈自动。

默认设置下，将在所有拍摄模式下使用

E-TTL II 自动闪光控制。TTL 是通过镜头测光的意思。E-TTL II 是佳能 EX 系列闪光灯进行自动闪光摄影的标准模式。

内置闪光灯覆盖的有效范围与光圈和感光度有直接关系。举例：光圈 3.5，感光度 100，内置闪光灯覆盖的有效范围为 3.5 米。如果光圈不变，感光度调整到 800，覆盖的有效范就变成 11 米了。说明书上有个表格表述的很明白，你可以看一下。

对于近处的主体，使用闪光灯时应该保持至少 1 米的距离。还要将镜头上的遮光罩卸下，拍摄主体太近，由于闪光被遮挡，照片底部可能会显得较暗。

拍摄闪光照片之前使用减轻红眼指示灯功能可以减轻红眼。

闪光拍摄时，作品过曝或曝光不足，可以使用闪光曝光补偿来调整。在速控屏幕里设置闪光曝光补偿量，增加或减少曝光量，让闪光曝光的画面变得更亮或更暗。

闪光曝光锁的操作：按下闪光灯按钮使内置闪光灯弹起；对准主体对焦；将取景器中央覆盖要锁定闪光曝光的主体；然后按下闪光曝光锁按钮，这时闪光灯进行预闪，相机将计算必须的闪光输出数据并将其保存在内存中，当然每次按下该按钮都进行预闪；构图并完全按下快门按钮；拍摄照片时闪光灯按锁定曝光量闪光。

短片拍摄不能使用闪光灯。

快门速度较慢时，最好使用三脚架。

《母亲的喜悦》 摄影 张广慧

拍摄数据：NIKON D80　F11　1/8 秒　ISO 400　白平衡 自动　曝光补偿 −1.3

十一、拍摄方法与自动对焦

在基本拍摄区模式下，也就是全自动模式、CA 模式和某些场景模式时，相机是自动设定最合适的自动对焦模式；

想自动对焦就要把镜头上的对焦模式开关拨到 AF；

在创意拍摄区模式下，也就是 P、TV、AV 时，你可以手动选择自动对焦模式。有三种选择：单次自动对焦、人工智能自动对焦和人工智能伺服自动对焦；

单次自动对焦：适合拍摄静止主体。

半按快门按钮时，相机会实现一次合焦。

合焦时，合焦的自动对焦点将短暂地以红色闪烁，并且取景器中的合焦确认指示灯也会亮起。

评价测光时，会在合焦的同时完成曝光设置。

只要保持半按快门按钮，对焦将会锁定，然后可以根据需要重新构图。

人工智能伺服自动对焦：适合拍摄运动主体。

该自动对焦模式适合对焦距离不断变化的运动主体。只要保持半按快门按钮，将会对主体进行持续对焦。

曝光参数在照片拍摄瞬间设置。

自动选择自动对焦点时，相机首先使用中央自动对焦点进行对焦。

自动对焦过程中，如果拍摄主体离开中央自动对焦点，只要该拍摄主体被另一个自动对焦点覆盖，相机就会持续进行跟踪追焦。

对于人工智能伺服自动对焦，即使合焦时也不会发出提示音。另外，取景器中的合焦确认指示灯也不会亮起。

人工智能自动对焦：可自动切换自动对焦模式。

如果静止主体开始移动，人工智能自动对焦将自动把自动对焦模式从单次自动对焦切换到人工智能伺服自动对焦。

在单次自动对焦模式下对主体对焦后，如果主体开始移动，相机将检测移动并自动将自动对焦模式变更为人工智能伺服自动对焦。

在切换到伺服模式下的人工智能自动对焦模式下合焦时，会发出轻微的提示音。然而，取景器中的合焦确认指示灯不会亮起。

在自动对焦点的选择上，你有两种对焦方式可以选择：一是，自动选择自动对焦点，就是让相机自己选择自动对焦点；二是，手动选择自动对焦点。以 EOS 5D Mark II 为例，你可以手动选择 9 个自动对焦点之一进行自动对焦，使对焦更精确。在拍摄时，按下"自动对焦点选择"键，用拨轮、转盘或十字键选择对应主体的自动对焦点，选定的自动对焦点将显示在取景器中和液晶显示屏上。

在基本拍摄区模式下，由于自动对焦点被自动选择，您无法选择自动对焦点。

有些时候自动对焦会失败，可以使用单次自动对焦，对准与主体处于相同距离的其他物体对焦，然后轻点快门锁定对焦点，再重新构图拍摄。

如果还是对不上焦，就只能将镜头对焦模式开关设为 MF，进行手动对焦了。手动对焦的验证方法是，在手动对焦后，对的实不实？可以半按快门按钮来检查，合焦的自动对焦点将短暂地以红色闪烁，并且取景器中的合焦确认指示灯会亮起，这时就可以拍摄了。

《迷离的远方》　摄影　李继强
拍摄数据：Canon 5D Mark II　F5.6　1/400 秒　ISO 400　白平衡 自动　曝光补偿 −0.3

十二、拍摄方法与画面质量

摄影作品的质量是由很多因素综合决定的。从两个角度切入来谈如何提高：一是，从相机设置的角度，理解设置的理由，从性能和功能上来提高；二是，从相机操作的角度来谈，正确、合理是质量的保证。

相机设置与画面质量的7个选择

1. 选择 RAW 图像格式

问：什么是 RAW 图像格式？

答：RAW 的原意就是"未经加工"，可以理解为，RAW 图像就是 CMOS 或者 CCD 图像感应器将捕捉到的光源信号转化为数字信号的原始数据。由于 RAW 是未经处理，也未经压缩的格式，我们可以把 RAW 图像理解为"原始图像编码数据"或形象的称为"数字底片"。

问：为什么要选择 RAW 图像格式？

答：由于 RAW 文件几乎是未经过压缩处理而直接从 CCD 或 CMOS 上得到的信息，好处是原汁原味，缺点是几乎每张都需要处理。

问：还有其他常用的图像格式吗？

答：有，一般初学者常用的是 JPEG 文件格式。该图像格式是一种最常用的图像文件格式，由一个软件开发联合会组织制定，是一种有损压缩格式，能够将图像压缩在很小的储存空间，图像中重复或不重要的资料会被丢失，因此容易造成图像数据的损伤。尤其是使用过高的压缩比例，将使最终解压缩后恢复的图像质量明显降低，如果追求高品质图像，不宜采用过高压缩比例。

但是也不要认为该图像格式就差得很多，

其实 JPEG 压缩技术也是十分先进的，它用有损压缩方式去除的仅是多余的图像数据，在获得极高的压缩率的同时也能展现十分丰富生动的图像，换句话说，就是可以用最少的磁盘空间得到较好的图像品质。

问：你现在采用什么图像格式拍摄作品？

答：我经常采用的是 JPEG 格式，它的优势是基本不用后期处理，一次拍摄行为几百张照片是经常的事，如果是 RAW 每张都需要处理，需要大量的时间啊，对 Photoshop 软件不熟悉的拍摄者来说是一个大工程。

当拍摄的照片很重要时，我经常把图像格式调整到 RAW+JPEG 这一选项，大家知道，现在储存卡的容量是很大的，一般应用就是 JPEG，如果有重要用途再打开 RAW 进行处理。

这也和你的拍摄目的有关系，一般记录性拍摄选择 JPEG，效果是可以接受的。我的拍摄目的一般有两种，一是，一般性记录，可用于讲课时课件的放映。二是，写作时用于书的插图。前者一般用 JPEG，后者一般用 RAW。

你选择 RAW 是需要后期的，后期是需要一个学习过程的，如果后期不过关，经你调整后的图片，还不如直接拍摄的 JPEG，何必呢，因为 RAW 最后还要转成 JPEG 去应用的。

问：JPEG 压缩是啥意思？

答：压缩是处理图像的方法之一。原理是将颜色值相同的相邻像素用一个计数值代替。JPEG 压缩后的图像有两个特点：一是，它是带失真的，一个从 JPEG 文件恢复出来的图像与与原始图像总是不同的，但有损压缩重建后的的图像常常比原始图像的效果更好；二是，JPEG 的另一个显着的特点是它的压缩比例相当高，原图像大小与压缩后的图像大小相比，比例可以从 1% 到 80% ~ 90% 不等。这种方法效果好，适应性强，特别适合多媒体系统。

2. 选择最大像素

L 一般是单反相机的最大像素符号。选择 L，发挥单反相机最大像素的表现力，这也是我们选择高像素的理由啊。还有最大像素有利于后期剪裁，像素太小，剪裁后质量会下降，也局限用途。

3. 选择最佳光圈

不管什么镜头，都有一档或几档最佳光圈，你了解你手中镜头的最佳光圈是哪一档吗？用最佳光圈拍摄的画面，画面质量肯定会好一些的。

4. 选择较快的快门速度

较快的快门速度可以保证作品的清晰度，快门速度如果太慢的话，相机晃动会影响画面的清晰度。高快门速度可以凝固快速移动的物体，使动体清晰。

5. 选择曝光模式

不同的曝光模式，得到的作品是不一样的。想快速扑捉事件，避免繁琐操作，可以选择全自动曝光模式，得到中间调的记录式作品；想控制景深，可以选择 A 档，调整光圈的大小，控制画面的清晰范围；想控制速度，可以选择 TV 档，调整不同的快门速度，得到凝固或模糊的画面效果；如果在曝光模式的基础上再辅以曝光补偿、曝光锁、测光方式、包围曝光等手段，效果会更好。

6. 选择测光模式

不同的测光模式所测的面积不一样，对所测的地方的亮度的评估，会影响曝光量，作品的基调往往取决测光模式的选择。

7. 选择照片风格

面对不同的被摄体，选择相对应的不同的照片风格是选择的第一步，选择后的微调也就是自定义照片风格也很重要，可以通过设置饱和度、反差、锐度等来自定义调节画面感觉，在达到目的的同时，使画面质量更好。

从操作的角度来提高拍摄品质的手段

1. 稳定的相机
可以采用三脚架，快门线，遥控器的方法。

2. 反光镜预升
减少机震。

3. 实时拍摄的屏幕取景
选择焦点，放大对焦，三脚架操作拍摄。

4. 理解镜头
用最佳焦段。

5. 较低的感光度
画面干净，减少噪点恰到好处。

6. 合适的曝光量
尽量少走极端，可以尝试包围曝光、曝光补偿、曝光锁定等技术。

7. 合理的用光
把握光线的特性，配合拍摄意图。

8. 附件的合理使用
可以消除眩光、反射光和加深蓝天色调的偏振镜；过滤紫外线的 UV 镜；外接闪光灯；减少杂光的遮光罩等。

《得意的树》 摄影 李继强

拍摄数据：Canon 5D Mark II　F2.8　1/500 秒　ISO 400　白平衡 自动　曝光补偿－0.3

操作密码：作品的标题是《得意的树》是拟人的方法，如果把得意当动词用，焦点应该对在哪里？树如果是人的话，树干就是躯体，这一簇激动微虚的树叶就是得意表情的结果。

《追》 摄影 刘成华

　　大气来自场面，也来自心态，67 岁的老人如此淡定的面对宏大的场面，按下快门时，是一种什么样的心态呀？惊讶之余，佩服之心犹然而起。

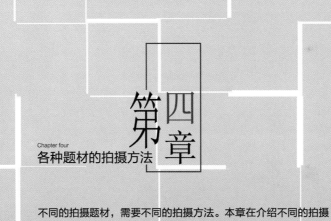

Chapter four
各种题材的拍摄方法

第四章

不同的拍摄题材，需要不同的拍摄方法。本章在介绍不同的拍摄题材时，有针对性地介绍了6种题材的拍摄方法，从宏观的风光题材到微观的冰花，提纲挈领地把需要的知识和常识讲得比较清楚，具有很强的实用性，并配上了精美的插图和独到的评论。

拍冰花的10项注意

每年在我国北方的初冬和初春季节，在江河的边上，甚至小水坑的边缘，都会出现形态各异的冰花，而且绝对没有重样的。喜欢拍摄小品的摄影人，这绝对是个好题材。想把冰花拍摄得美轮美奂需要很多技巧。

1. 使用微距镜头

这是个好的选择，可以把冰花拍成 1:1 的画面。当然，一般的单反相机的变焦镜头也可以胜任这种拍摄题材。

2. 观察和想象

在选择画面时要认真观察，面对被摄体展开想象和联想，选择时可以思考"拟人"或"拟物"的构思思路。

3. 对焦距离

冰花一般都很小，注意镜头的最近对焦距离，离得太近不聚焦。

4. 选择光线

光线是拍好作品的保证，注意自己的投影不要遮挡被摄体的光线。

5. 正确曝光

注意不要曝光过度。先试拍几张，检查曝光情况，我一般采取负曝光补偿的方法。

6. 相机设置

不断调整相机的设置，得到不同效果的画面。

一般要调整"反差"，正向调整可以增加画面的明暗对比，负向调整可以减弱画面的对比度。

调整"锐度"，增加锐度可以强化画面的清晰度，减少锐度可以柔化画面的轮廓。

调整"饱和度"，可以得到低饱和和高饱和的不同效果的画面，对画面影调影响很大。

调整"色相"得到不同色彩基调的画面，往负值方向调整画面偏红，往正值方向调整画面偏黄。

尼康相机调整"优化校准"，如选择"标准"和"自然"，得到的画面适合后期再处理；如选择"鲜艳"是对画面进行增强处理，在拍摄时就可以获取鲜艳的画面效果。

佳能相机可以调整"作品风格"，如选择"风光"，可以得到非常清晰明快的画面；选择"中性"选项，可以得到比较自然的色彩和柔和一些的画面。

7. 重视构图

构图要简洁，不要把没用的语言拍进画面。拍冰花一般都是镜头朝下，在现场小范围移动，选择画面时，注意画面里语言的细微的变化。

8. 学会表现

冰花是小品拍摄，有点浪漫，有点小资，要感觉其变化，注意画面基调，营造并凝固画面的味道是件开心的事。

9. 思考标题

标题可以引导读者的欣赏思路，更是作品的画龙点睛之笔。可以带着标题去观察拍摄，也可以在计算机前细细地琢磨，升华作品的内涵。

10. 后期强化

数码后期是绕不过的环节，也是数码摄影的优势之一。要带着后期的想法在现场创作，也要静下心来在计算机前调节、润色、强化，完成最后的处理，使作品更加符合自己的创作意图。

《春天的脚步》 摄影 霍英

拍摄数据：NIKON D7000　F8　1/400秒　ISO 250　白平衡手动　曝光补偿 − 0.67

操作密码：在江边，无意中低头发现，刚开始结冰的水边，薄薄的冰面上，出现了很多不规则的图案，激起我拍摄的欲望，镜头向下，每移动一步，画面都在变化，上帝太神奇了，这些带着灵气的气泡和图案，促使我频频按下快门，我被陶醉了。

不用去什么名山大川，只要心里有美，一切都是画面，作品诞生在想象里。

用单色拍雪雕时的相机设置技巧

雪雕都是在室外摆放，需要处理天空、环境与雪雕的表现效果，我介绍一种单色的拍摄方法。

在现在的单反相机里一般都可以选择"单色"来拍摄作品，我们一般理解"单色"就是黑白。很多影友，把选项调整到单色，就开始拍摄，其实，在这个选项里还有很多的单色的变化，我从调整滤镜效果和色调效果两方面来说。

调整滤镜出效果

调整滤镜效果时增加"黄"，雪雕显得更白，蓝天也显得比较自然；

增加"橙"滤镜，雪雕偏暖，蓝天稍暗；

增加"红"滤镜，雪雕质感强烈，蓝天变得相当暗，如果在同时增加"反差"，天空可能会变成黑色。

如果拍摄人和雪雕的合影，可以增加"绿"滤镜，对人的肤色和嘴唇表现相当好，雪雕的感觉也很鲜亮。

调整色调出效果

调整色调效果时可以选择怀旧的"褐"，冷色的"蓝"，深沉的"紫"和明快的"绿"。通过调整色调效果，可以得到带某种色彩的单色画面，这也是创作的思路之一。

还可以结合"锐度"和"反差"的设置，来改变画面的软硬，及高反差和低反差的画面感觉。

佳能相机的操作方法

单色的设置，佳能相机里是在作品风格菜单里，选择 M 选项。然后按 INFO. 详细设置键，改变锐度、反差、色相和色调。

尼康相机的操作方法

尼康相机的单色设置是在菜单的"优化校准"系统里，按下菜单按钮，选择"设定优化校准"，向右按下方向键，在出现的菜单里选择"单色"。

你可以根据场景和创作意图设置"锐化"就是控制画面被摄体轮廓的锐利程度，从 0 的无锐化到 9 的最高，值的数字越大，锐化越强。

"对比度"可以从 −3 到 +3 中选择，选择较低值，可以避免高光过曝，选择较高值可以保留低对比度画面的细节。

"亮度"选择，−1 降低亮度，选择 +1 增加亮度，这个选项的好处是，不会影响曝光。

"饱和度"及"色相"是控制色彩的鲜艳度和色彩的偏向。

遗憾的是在单色里不能调整饱和度。

尼康的调色选项的选择样式很多，有黑白、棕褐色、冷色调，蓝色调的单色、红色、黄色、绿色、蓝紫色、蓝色、紫蓝色和红紫色，可以在创作时选择某种色调来改变画面的基调，来表现自己的感觉。

《童话的世界》 摄影 李继强

拍摄数据：Canon EOS 5D Mark II F15 1/800 秒 ISO 400

操作密码：在单色模式里选择红滤镜，把反差调整到 +7、曝光补偿设为 −2 完成拍摄。当色彩消失后，一种神秘感笼罩着画面，有点怪异，有点紧张，你看后有这种感觉吗？画面里的人物给主体提供了比例，24−70mm 的镜头，我用的是 30mm 处，蹲在地上拍的，冲击力有点强，挺符合当时的心里活动。

小品摄影成功的 8 要素

小品是借用语，名字来源于现实的表演形式，是从表演的词汇里借鉴来的。小品的特点是在很短的时间内讲述一个故事，反映一类社会现象，因此它的信息量非常集中，而且通常采用比较夸张的手法，带给人们直接的冲击力。

摄影的小品拍摄是要简明而生动地描述一个瞬间，达到给人以智慧、寓意、幽默、哲理、联想等画面效果。运用小品的功能，采用摄影艺术的手段来完成，就是"小品摄影"。

小品是磨炼拍摄方法的好手段，有 8 个要素需要认真对待。

1. 明确内涵

什么是小品？就是清新有爱、健康向上、彩色则色彩明快、黑白则影调细腻、有奶油焦外、无坑爹噪点、非土老破旧、非苦难纪实、少愤怒轻呐喊，一般人都能看懂之余，还能觉得你特有思想，通常都带点情感元素，并愿意顺手在微博上转来转去的单幅优秀摄影作品。

2. 题材广泛

可以成为小品的画面俯拾皆是，联想与想象是获得画面的基础，观察是关键。拍摄技术上要求曝光符合表达要求，纹理要细腻，画面语言要精致，没废话。情感基调明显，有趣味，最好带点深刻，有点哲理是上品。

3. 讲究光线

对于摄影来说光线永远是画面的灵魂，可以明快积极，也可以晦暗压抑，光线的基调决定画面的情感走向。

想说理找直射光，想抒情用散射光，逆光突出轮廓，顺光描绘细节，侧光强调纹理，在反差中行走思想。

各种恶劣的天象都是小品的朋友，黑云压顶、雷雨磅礴时，就是呐喊的时候；细雨润物，雪花飘飘，正是低吟抒情的好时光。云缝、窗口射出的束光，是情感表演的舞台，热烈、集中、强调，故事的高潮正在诞生。

热爱生活、心情愉悦，看到的都是美好，眼光淡漠、心情沮丧，得到的都是渐变的灰暗。学会用光，用光线来说事，是要下点功夫的哟。

4. 构图严谨

均衡需要交代；

对称需要一点点打破；

不管对角线是明线还是暗线都要穿破画面。

画面里的地平线需要积极处理，或三分应用黄金率，或两分上下照应，用烦了，就把地平线推出画面，只需镜头轻轻垂下它高贵的头。

疏密关系也要考虑，有密没疏，太紧，有疏没密，太旷，横幅疏密讲究对角，竖幅疏密讲究呼应，疏是分子，密是分母，疏的元素永远会大出风头，给它点空间吧。

对比是构图的基本语言，简单明了，一看就明白。

线条要引领视线。

大面积的暗，需要明亮点醒。

大面积的亮，要来点沉重的砝码。

颜色太浓，会让人喷血。

颜色太淡，会使你咳嗽。

要学会"浓妆淡抹总相宜"，这是宋人苏轼的诗里说过的。

构图就是在自然的混乱中寻找秩序，就是把现场的符号拿来，组织好为我所用。

5. 注意瞬间

扑捉有趣瞬间是小品的拍摄难度；

提高感光度加快快门释放速度，是抓取瞬间的保证；

把握事物运动、发展、变化的过程和规律，是准确抓取瞬间的基本；

等待某一期待的瞬间的到来，是摄影最有魅力的时刻。

很多摄影人拍摄花卉小品时，希望出现蝴蝶、蜜蜂等小动物，给画面带来活气，可得到的大多数画面都是落在花上的，很少有在空中飞舞的，把飞舞的蜜蜂蜻蜓拍清晰，而且正好凝固在希望的画面位置，是需要提高瞬间抓取能力的，我的学生交作业，"落上的不算"。

我教你两个拍摄方法：

一是，陷阱法，具体操作：在现场先构图，留出飞虫的位置，等待飞虫进入，快速抓取；

二是，数量法，具体操作：相机设置连拍，在现场打连发，靠数量打成功率。

6. 营造意境

现在的摄影人都喜欢结伴采风，虽然去的是一个地方，可拍出的作品却大相径庭，为什么？在特定环境下，不同素质的人的精神状态不同，思考角度不同，作品当然会呈现出不同风格、味道和意境。

意境是指作品所表现出来的情调和境界。而味道，是现场景致与心灵邂逅后，激起的感觉。

也是欣赏者品味作品时触碰心灵的慢慢的"折磨"，或勾起，或引发记忆深处的回忆，情感溪流里的共鸣。

7. 熟练操作

画质选择 L，格式选择 JPEG+RAW；

对焦模式选择"单点自动对焦"，可以结合"手动选择自动对焦点"的操作方法；

白平衡一般选择"自动"，时间充裕，可以尝试手动选择图标的方法；

对不动的被摄体，一般选择单张拍摄或"屏幕取景"的拍摄方法；

根据被摄体情况，选择"作品风格"或"优化校准"，并详细设置反差和饱和度；

感光度选择要稍高，如 ISO400，保证快门的高速度，提高作品的清晰度；

在曝光模式里，控制景深，选择 A 档；控制速度选择 S 档；随时准备改变曝光组合，选择 P 档；最好所有自动曝光状态下，都要配合曝光补偿来控制画面的明暗，实现自己的拍摄意图。

寻求改变画面的影调，可以选择不同的测光方式，评价得到的画面一般是中间调的，局部和点测可以根据需要制造高调或低调。

8. 标题合适

勾引联想，促进想象，引导欣赏者按你的预想思路来走入作品，感动他，引起共鸣是标题的主要作用。

常用的标题样式主要有：

概括提示情节式：点出时间、地点、主要情节，表明创作思想，是客观描述的方法；

评论式标题：明确表达自己的观点，评论画面内容，耐人寻味；

诗意的标题：营造氛围，调动情绪、情感，注意语音节奏美感；

悬念式标题：诱发联想，增加趣味性的方法。

航海家的腕表

游艇名仕型 II

ROLEX

《匆匆》 摄影 史颖

拍摄数据：Canon EOS 5D Mark II　F20　1/2 秒　ISO 100　白平衡 自动

　　操作密码：拍摄时选择橱窗里的广告表，再用慢速快门把走过的行人虚化，奇特的构思，熟练的技法，点睛的标题，深刻的内涵，让我感叹，是谁给了一个 66 岁老妇人，一个老摄影家的灵感，她竟然是我的学生，我激动，我汗颜，我骄傲。

树木题材
拍摄方法的要点

摄影画面里树木的作用

树木是在这个地球上被拍摄最多的植物。树木在风光摄影的画面里扮演了重要的角色。拍摄大面积的树木可以表达气势；拍摄草原上一簇簇的树丛，可以表达诗情画意；拍摄独立的树木可以表达某种情感。

拍摄不同光线下的树木

可以用剪影去表现；可以用树木把太阳遮挡，形成漏光的光束；可以拍摄散射光中，带有神秘感的树木；在雾中、烟尘中的树木可以用来表达朦胧的感觉。

拍摄一年中不同季节的树木

春天裸露的枝干，没有树叶的装扮，拍摄时注意利用其稀疏透气的特性，把环境融进其中，表达明快的情感；夏天的树木，枝叶繁茂，可以拍摄其整体形态，表达丰富的感觉。一年中色彩最丰富的就是秋季，秋天的树及被霜打后的红红叶片，又是影友们非常喜欢拍摄的题材，可以选择暗的背景来拍摄，也可以选择逆光来表现叶片的脉络，可以是一片，也可以是一簇，知秋也就一两片啊。冬天的树木与雪拍摄在一起，更是美不胜收，可以单独表现树挂，也可以表现雪原上的孤独情怀。

拍摄树木的不同造型形态

树木的不同造型形态会带给摄影人很多灵感和启发点。

树木与点，在大面积空旷的画面里，树木可以成为一个点；

树木与线，排列有序的树木，树林与悠长小道结合可以成为线；

树木与面，大面积密集的树木可以成为面。

选择什么样的树，选择点、线、还是面，取决于拍摄者想要表达的主题与意图。

用树木来表达人类的情感，把树木拟人化，是常用的表现方法和手段。地平线上一棵孤独的树；有伴真好的两棵树；苍白的第三者的三棵树；墙角伴你成长的树；栓满红布条的神树；用长焦压缩成节奏的树；用广角镜头夸张地被透视了的树；垂死挣扎的胡杨，被人类赋予某种精神的树；还有路边的小白杨，诗意的白桦林；被绝对仰拍的树冠汇聚的天空；斑驳树皮的特写，狰狞的树眼，纠结着露出地面的树根，都好像在述说着什么，表达着什么？

利用天象拍摄树木

风中的树。相机设置有两个思考方向，一是快门速度提高，凝固摆动的树木；二是放慢快门速度，清楚的枝干，模糊的树冠，表达动的感觉。

雨后的树。阳光出来后，设置相机的作品风格，把被雨水洗刷的绿叶的反光表现出来；还可以来几张特写，枝条上的水珠，滴水的叶脉，树下水潭里的倒影。

雪中的树。把快门速度调慢，如 1/10 秒，用黑黑的树干表现雪滑落的线条；松树的树冠可以托起很多雪，表现雪压枝头的造型；观察雪原上、山坡上树的分布，营造画面的疏密关系。

雾中的树。雾凇是难得的奇观，选择雾里的树拍摄，有味道，寻找那种时隐时现，神秘朦胧的感觉。

蓝天下的树。白色的桦林配上蓝色的天空，在有几朵白云，真可谓诗情画意。

黑云下的树。把相机的反差调大，饱和度增加，神秘、恐怖、冲击力都来了。

拥抱的树，垂死的树，挺拔的树，扭曲的树，粗大的、细小的，一起向我们涌来，面对形态各异的树，面对各种天象下的树，摄影人，展开你想象的翅膀吧，营造你心目中的画面。

《胡杨公主》 摄影　苗松石

拍摄数据：NIKON D300　F 9　1/200 秒　ISO 200　白平衡 自动　曝光补偿 - 1

操作密码：画意地表现胡杨，摆脱了苦涩，跳出了垂死、恐怖、挣扎的拍摄怪圈，把画面表现得美轮美奂，尤其那个颇有古典味道的背影，更是强化了画面的唯美倾向，没有刻意的雕琢，却成就一幅经典。

云霞题材拍摄方法的8个要点

云霞在摄影画面里的作用很重要，尤其拍摄风光作品。要了解云霞自身的光线和色彩特点，以及拍摄时的相机设置等拍摄要点，才能保证拍摄成功。

云霞拍摄的要点有8个：

1. 注意云的形状

天空中都有不同形状的彩云，有的如朵状，有的呈鱼鳞状，有的是片云、水波云，还有的是长云或卷状云等。

2. 合理利用偏色

由于一早一晚的日光色温偏低，所以云朵一般都是呈现为红橙色。霞光色温偏低，，拍摄出的画面会有红橙的偏色，但这恰恰是云霞所需要的色彩。

3. 抓紧拍摄时机

早、晚云霞出现的时间相对较短，一般只有20分钟至30分钟，因此拍摄时应抓紧时机。云霞形状不断变换，十分动人，有时稍纵即逝，容易留下遗憾。

4. 选择典型前景

以云霞为拍摄对象，它们多是处于逆光条件，因而地面景物显现得较暗，反差较大，所以要求选择具有代表性的标志性景物作为前景，一般将其处理为剪影更具魅力和迷人。

5. 了解拍摄地点

要事先做好准备，提前选择拍摄地点。有时间或条件可以事先勘察选择，尤其是拍摄日出时的云霞。拍摄朝霞，要在太阳出来之前的20分钟内开始，而拍摄晚霞宜在日落之后的30分钟内完成。

6. 构图突出天空

取景时应在画面上部留出充分表现云霞的位置，而地面景物一般安排在画面下端，且不宜过大，避免有喧宾夺主之嫌。地面景物要以选那些形态突出，轮廓明显的小树、亭台楼阁为宜，或是结合放牧归来的牧童、羊群等，更能增添抒情的意趣。

7. 调整曝光组合

拍摄云霞要准确掌握曝光量的问题。曝光不足使整个画面色彩沉闷，红橙色的云彩发暗，失去鲜艳效果；倘若曝光过度，画面色彩浅淡，红橙色的云彩过于发"飘"。朝霞是越变越亮，而晚霞则是越变越暗，拍摄时应及时调整曝光组合。

8. 人物适当补光

当以朝霞或晚霞为背景拍摄人物时，因人物处于逆光照明，极易产生剪影效果，若有意表现人物情绪，可以采用闪光灯作为正面补光之用，将人物适当照亮，又不会冲浅云霞斑斓的效果。

小结

晨曦和黄昏是拍摄云霞的黄金时刻，切莫错过这一难得的拍摄时间段。尤其拍摄朝霞，更是要求摄影者早起床，赶在日出前半小时到达拍摄地点，才能抓住好时机。

《晨 光》 摄影 赵洪超

拍摄数据：Canon EOS 5D Mark II　F16　1/13 秒　ISO200　白平衡 自动　曝光补偿 +0.3

操作密码：喜欢风光摄影的，能拍摄到彩虹是个很幸运的事。这是作者某天早晨在高层窗口偶然发现的美景，赶紧拿相机，调整设置，把这美好的瞬间记录下来，机遇的垂青，得来全不费功夫。激动之余应注意快门速度，太慢的速度影响画面的清晰度呦。

风光题材
拍摄方法的8个技巧

技巧1.控制光圈

风光摄影的要求是，从前景到背景的景物都要拍得十分清晰。有两个控制手段可以达到目的，一个是，使用广角镜头，广角镜头能拍出更大的景深。二是，使用小光圈。光圈收得越小，景深就越大，清晰的部分越多，因此，一般建议使用非常小的光圈，比如 f/16 和 f/22。

但是，光圈收得过小反而会有损于影像的清晰度，这是因为一种叫"衍射"的光学效应的缘故。衍射，最简单地说，就是当光线穿过镜头光圈时，镜头光圈孔边缘分散光波。光圈收得越小，在被记录的光线中衍射光所占的比例越大，影像就变得越不清楚，结果影像里显现的细节就越少。ASP-C 尺寸传感器的相机光圈收小到 f/11 以下，全画幅传感器的相机光圈收小到 f/16 以下时，就会开始看到衍射效应。

我的建议是，使用你手中镜头的最佳光圈。最佳光圈一般出现在该镜头的"最大光圈收缩两档，最小光圈开大两档"处。举例，佳能的 24-70mm 的 L 镜头，最大光圈 F2.8，最小光圈 F22，按照前面说的原理来推算，该镜头的最佳光圈应在 F5.6，F8，F11 之间产生，可以看出光圈收小，是利用镜头的中间部位，因为，镜头中间部位的清晰度，永远比边缘好啊。你可以测试，了解你手中镜头的最佳光圈。

测试方法有两种，一是用镜头测试卡，测试镜头的线对、色阶或灰阶。二是，实拍测试，对一个纹理细腻的实物，分别用不同光圈拍摄，放大检验。一般从效果看，前者准确性较高。

《问 石》 摄影 制作 刘凤翥

《松花江边》 摄影 邹玉萍

拍摄数据：Canon EOS 50D F5 1/80秒 ISO 250 白平衡 手动

技巧2. 控制快门

风光摄影中快门的使用有两个思路，一是，真实再现。二是，艺术表现。所谓真实再现，是指用高于动体的速度来"凝固"，清晰所有出现在镜头前的景物或移动物体。而艺术表现是指景物里有移动物体时的"模糊"的动感表现。

风光作品里经常出现水的元素，我用如何拍摄水体的运动来探讨快门的选择和运用技巧。如何拍摄水体的运动，是一个有争议的问题。一些摄影人喜欢以真实再现的方式来捕捉水体，使用高速快门速度来"凝结"水体的运动。另一些人摄影人喜欢有意将水体"模糊化"，以营造运动感。这两种技术在合适的场合及符合拍摄意图的情况下，都能产生好的效果。

如果你希望"凝固"水体的运动，一般得使用 1/500 秒或更高的快门速度，当然，确切的快门速度还要视水体的流动速度而定。这个方法看起来好像很容易，只要调高快门速度就可以达到，可是，风光摄影一般都是用小光圈来获得足够大的景深，使前景和背景细节都合焦清晰。这样一来，通常就要采用相对长的曝光时间，尤其在弱光条件下。在提高快门速度的同时，光圈势必要放大，怎样才能在不开大光圈的情况下，提高快门速度？这个矛盾怎么解决？

我给出的方法是，一是，选择晴朗的天气，在自然状态下提高场景的照度，来自动提高快门速度；二是，提高相机的感光度，这是现代数码相机的优势。可能有人顾虑，感光度提高会出现噪点，我来解释一下，其实，不管你用多少感光度，噪点都是存在的，只是程度不同而已，换句话说，就是我们眼睛的分辨率和你能承受的程度问题。现在的数码单反相机，提高到 ISO1600，一般是看不出噪点的，当然，也要看是什么相机，我用的 EOS 5D Mark II 的效果我就很满意。这也是我希望摄影人购买高档单反相机的理由之一，具有高感光度的噪点自动控制能力。

很多摄影人喜欢走另一个极端，就是使用长时间曝光来使流水模糊化，其中的理由是，对于欣赏者的眼睛来说，这种"模糊化"的效果为影像增添了活力和动感，更加赏心悦目。

设置多慢的速度才能"模糊"流水？当然要视流水的速度来决定，一般情况下，1/2 秒的曝光应该足以实现这个效果，长达数秒的曝光会更好。这就能保证营造动人的、白色的、丝绸般的模糊感。为了能长时间曝光，要使用最小光圈，一般是 F22，并确保相机的 ISO 设在最低。至此，如果快门速度还不够低，你就需要灰色滤镜的帮助了。没有灰镜时，也有方法，就是等天气暗下来再拍吧。

《石头的感觉》 摄影 陈书武

拍摄数据：Canon EOS 5D Mark II F32 1/15 秒 ISO 1 600 TV 档 白平衡 自动

操作密码：环境光太亮了，把光圈缩到 F32，速度也慢不下来，毛病出在感光度上，把感光度调整到 ISO200 上，速度就变成 1/2 秒了，流水的感觉就会柔一些，效果可能比现在更好。对于初学者来说，第一次采风实习，就拍到这种程度，我已经很满意，我期待他的进步。

技巧3.寻找前景

我们都知道，世界是三维的，而作品是二维的。风光作品拍摄失败的一个主要原因是，作品无法传达我们眼睛所看到的那种立体感和深度感。解决方法之一，可以寻找有趣的前景并使用一些构图技巧来克服这个小问题。

应该指出，我们首先关注的并不是前景，毕竟最重要的是拍摄主体。但对我来说，前景仅次于拍摄主体。因此，不管什么时候出去拍风光照，我总要寻找一个存在很多潜在拍摄机会的拍摄点。到了场地，我会各处察看，寻找最吸引人的拍摄主体，最好的拍摄角度。一旦选择了拍摄地点，我就开始寻找前景兴趣物。

什么样的前景兴趣物算得上好，这没有现成的规则，但是你总得考虑几个因素，必须仔细斟酌要纳入哪些东西，不能看到什么就拍什么。我喜欢风光摄影，所以我总是寻找天然元素作为我的前景——岩石、花卉、水是通常的成分。我知道，这些东西能融入我所构思的大画面中，当然，一个人造的物体有时也会起到"有趣的前景"的作用。

如何把有趣的前景利用好要尝试三点：

一是，广角镜头的夸张

创造作品深度一个有效的方法是摄入一个有力度的前景，通常要使用广角镜头来拍摄。用这种方式突出前景，就为眼睛创造一个"进入点"，将观者拉入场景中，赋予作品一种距离感和规模感，这样就为作品添加了深度。广角镜头能达到这样的效果，原因在于它能延展透视，将靠近镜头的部分进行夸张性地展现，从而打开了前景以远的景致。

二是，注意拍摄高度

使用广角镜头时你得留神，这样做会使中距离景色看上去有空洞感，缺乏趣味。一个弥补的办法就是采用低视点拍摄。这就压缩了中间的距离，构图中就不会出现太多的空白空间。试着蹲下来，靠近你想拍摄的前景物，你的作品就会凸显生机！但也要注意不能降得太低，否则，有可能你的前景比你的远景更突出，使影像失去平衡。同样道理，你的前景必须干净、简洁，否则，背景会被混杂的前景所淹没！

三是，调焦点的选择

首先，要仔细调焦，以达到最大景深，使前景和远处景物都焦点清晰。其次，要考虑焦点对在哪里？我的建议是对在画面的前三分之一处，利用景深的原理来使画面全部清晰。最后，你还需要使用小光圈，在使用小光圈的同时，把焦点对在场景纵深范围的三分之一处，能让你获得好的景深。做到了这简单三点，你就能很好地改进你的风光作品的构图。

《魔界的雾凇》　摄影　于庆文

拍摄数据：NIKON D60　F10　1/500 秒　ISO 200　A 档　白平衡 自动

操作密码：在风光摄影里，表现生命与死亡的题材很多，前景的枯树根很强烈地争夺着眼球，要表现的主体弱了很多，我建议将标题改为《冷眼看雾凇》可能会好一点。当然，如果这样一改，前景的枯树就变成主体，而雾凇就变成环境和背景了。

技巧4. 控制背景

背景可以衬托主题，营造意境，增加美感，是风光作品中的重要组成部分。背景在每一幅作品中都会存在的，如何控制？

控制1. 背景的取舍

背景是画面中离镜头最远的部分，作用主要是衬托和突出主体形象并丰富主体的内涵。有些拍摄者在拍摄时往往全神贯注于主体而忽略了对背景的取舍。风光摄影中，可以作为背景的景物有很多，例如，蓝色的天空，绿色的草地，茂密的树林，起伏的山峦等。取舍的关键是背景与主体的关系，利用背景交代环境是常用的表现手法。

控制2. 产生意义的背景

选择具有对比、比喻、比拟意义的景物作为背景，包括与主体在形式上、内容上的对比、比喻、比拟等。这样的背景就是用鲜明、生动的形象来揭示主体的含义，深化主体，背景帮助主体说话，启发欣赏者的想象。

控制3. 背景的简洁

背景简洁必然会使整个画面变得简洁，主体得到突出。一般来说，最好选择影调和色彩比较单一的场景作为拍摄背景，可以更好地衬托画面里被摄景物的主体地位。

理想的背景应该力求简洁、纯净，视觉元素精炼，影调和谐统一。有经验的摄影人都善于调动各种手法，以达到背景的简洁。凡背景中可有可无、妨碍主体突出的元素均应减去。归纳起来，有以下几种改善背景的办法：

一是，虚化法。即采用较大的镜头光圈，尽可能地缩小景深范围，将焦点落在主体上，使清晰主体之后的背景呈虚化状，从而收到以虚衬实的良好效果。

二是，遮挡法。即利用升腾的云、烟、尘、雾及树木枝叶，或山峰、墙体及前景的花草等物体，将背景掩藏起来，从而突出主体。

三是，避让法。即调整拍摄高度，或仰向避开地平线上杂乱的景物，将主体对象干干净净地衬托在天空背景上，或俯向以马路、水面、草地为背景，使主体轮廓清晰，获得简洁的背景。有时用长焦距镜头缩小背景，杂乱的景物被排除在画面之外也是一招啊。

《雾凇岛的早晨》 摄影 李继强

拍摄数据：Canon 5D Mark II　F5.6　ISO400 1/400 秒　A 档　曝光补偿 −0.6

《魔界一角》 摄影 于庆文

拍摄数据：NIKON D60 F10 1/400 秒 ISO200 A 档 曝光补偿 -0.6

操作密码 魔界在长白山脚下池北区红丰村。红丰村南头有一条河，叫奶头河。奶头河发源于长白山温泉，由于地热及阶梯小电站的作用，在红丰村这一段，常年不冻。当气温到零下 20 度时这里就会出现雾凇。这里的雾凇相较于其他地区的雾凇更加灵动。由于河中那些枯树在日出时分大气蒸腾，树和雾若有若无，仿佛把你带到了一个远古的世界，使人联想到美国电影《魔戒》的阴森恐怖的场景，于是摄影人也称这里为"魔界"。

技巧55. 理解色彩

色彩不仅具有视觉冲击力，它还能表达不同的情调，激发不同的情感，并产生与文化背景相关的象征意义。想想你的影像中一种占主导地位的颜色能产生什么效果。可能你需要减弱或者加重这种颜色。尤其在构图、光线照明和使用滤光镜的时候应该认真考虑色彩。

红色是一种强烈的颜色，特别在与黑色背景相对照时更显强烈。红色被普遍用来表示警告或危险的标记，让人难以忽视。在摄影中，红色是最有力量的颜色，最抓人眼球，但红色也可能成为让人分心的颜色，拍摄风光可以利用这个原理，把红颜色变小，不要太夺目，仅让风景中出现一个小红点，比如远处的一辆红色小车，一只红色小船，或一个穿红色衣服的人，来点缀画面。

蓝色是一种与世无争的颜色，能用来表达平和、悲伤或宁静。在摄影中，蓝色通常用来传达寒冷之情，特别当蓝色与水体和冬日景物相搭配时，效果尤其好。蓝色是风光摄影人喜爱的重要颜色，最常见的色彩饱和的蓝天，往往成为绝佳的背景。

绿色常用来表示健康和生机。很显然，绿色是植物的主导颜色，因此成为很多风光照片的主导颜色。绿色很容易被明亮的、具有前进感的颜色（比如红色）所掩盖，一般说来，视觉冲击力不强。不过，当单独使用时，绿色依然能使影像气氛强烈、生动有趣。

黄色是另一种明亮的、具有前进感的颜色，常用来代表幸福或光明。黄色能为你的影像增添暖意，与蓝色相配合或映衬之下效果特别好。黄色与其他类似的鲜艳颜色（比如金色和橙色）是秋天的代表色。黄色可成为静物影像的很好背景。

不同的光源会产生不同的色调，一般以光线的"暖"或"冷"以及其中存在的绿色或品红色的量来表示。比如，家用的钨丝灯泡发出的光线比阴天室外的光线要暖和得多。荧光灯光则带有一种绿色调。

我们的眼睛能很快很容易地适应不同光源的颜色，会把白色物体看成白色，不管这物体是在钨丝灯光下还是在多云天的室外。不过，要是想用数码单反照相机来准确呈现色彩，就必须设置正确的白平衡，你可以在照片拍摄时设置，也可以在 RAW 转换器中处理你的影像时设置。依我个人经验，我建议在用 RAW 格式拍摄时最好设置自动白平衡，这样就能有更多的灵活性。

在拍摄风景作品时，我们并不追求绝对准确的颜色，重要的是捕捉到满意的色彩，来表达自己的情感。所以，使用数码相机的摄影人，可以在拍摄现场尝试利用不同的白平衡设置来获得心仪的效果。

《不悔的生存　不朽的神话》　摄影　张桂香

拍摄数据：NIKON D700　F11　1/100 秒　ISO200　白平衡 自动　曝光补偿 −0.3

技156.提高画质的偏振镜

光线是以波长的方式传播的。光线以直线的方式行进，以波的形式向各个方向振动。当光线达到一个表面，一部分波长被反射了，而其他部分则被吸收了。正是被吸收的那一部分波长，决定了光线所照射的这个表面的色彩。例如，一个红色的物体将反射红波长而吸收其他波长。

偏振光就不同。偏振光的产生是因为光波经过了反射和散射，并且只沿一个方向行进。正是这些波长产生眩光和反射，减少了色彩的强度。偏振镜正是设计用来阻挡偏振光的，从而恢复对比度和饱和度。

偏振镜由薄薄的偏振材料做成，这个薄片夹在两片圆形玻璃片之间，旋入镜头的前端。装置的前部可以旋转，以改变偏振的角度，这样，通过镜头的偏振光的数量可以改变，以控制偏振量。旋转偏振镜时从取景器或 LCD 监视器中观看，反光就会忽有忽无，色彩的强度就会加强随即又减弱。当你感到效果达到最佳时，就停止旋转偏振镜。

我建议你选择偏振镜而不选择 UV 镜。

大部分摄影爱好者，在镜头前面都安装了 UV 镜。在使用 UV 镜方面，他们进入了一些误区：一是，用 UV 镜来保护镜头镀膜；二是，UV 镜安装上从来都不拿下来；三是，UV 镜不过几十块钱。可以说，有这三个毛病的摄影爱好者，建议你们还是扔掉手中的 UV 吧，一方面几十块钱的 UV 镜不仅无法消除紫外线，反而会影响画质；另一方面镜头镀膜并不像你想象的那么脆弱；还有，只有当海拔超过 4 000 米时，紫外线的含量增多，才需要过滤掉一些，一般是不需要过滤的。

UV 和偏振的区别在于：在雾天或紫外线比较强烈时，拍出的照片有蓝紫色调。加了 UV 镜可以将紫外线吸收，排除紫外线对 CCD 的干扰，有助于提高清晰度和色彩的还原效果，但是，数码单反相机由于成像原理与胶片有本质区别，所以紫外线对成像的影响并不大。而偏振镜是能有选择地让某个方向振动的光线通过，在彩色和黑白摄影中常用来消除或减弱非金属表面的强反光，从而消除或减轻光斑。

在偏振镜使用时还有一点需要注意，偏振镜有两档灰滤光镜因素，虽然照相机的自动测光系统允许调整，但应记住，这会影响快门速度和光圈的使用范围。不管什么时候使用偏振镜，一定要将数码单反相机装在三脚架上，以避免相机震动。

《坝上初雪》 摄影 苗松石

拍摄数据：NIKON D300　F11　1/2 000 秒　ISO1 250　A 档　白平衡 自动　曝光补偿 −1.3

操作密码：这是一个较真的老人，看着这组数据，高感光度、高速度、小光圈还有负补偿，我理解了老人的用意，他是在实际拍摄中验正和寻找感觉啊。得到一张相机认为正确的曝光组合很容易，表现自己对现场的感受，实现自己的拍摄意图，很难。聪明的方法就是试验和实验，尝试各种功能的组合，各种滤镜的效果，各种表现方法，最终得到自己想要的画面，来表达或传达个性和感受，这种精神是向前的动力，只要不懈，一定能成功的。

《一年又一秋，时光伴水流》 摄影 赵玉芝

拍摄数据：Canon EOS 450D　F7　1/15 秒　ISO100　TV 档　曝光补偿 -0.3　白平衡 手动

操作密码：用快门捕捉并拦截记忆。将时间打碎，捡拾有意义的一二片，勾勒生存形态。画面的控制很好，实现了自己的拍摄意图，标题有点惆怅的感觉，也是真情流露啊。

技巧7. 保证画质的三脚架

对风景摄影来说，三脚架应被视为整套装备中的重要部分。你通常会使用最小光圈来将景深最大化，同时用低 ISO 感光度来获得最清晰的效果，这样的话快门速度就会很低。有些拍摄，手持照相机就可以，但使用三脚架你就再也不用担心震动。你还会发现将照相机置于支撑物上，你就有更多的时间和注意力去调整取景，获得尽可能好的构图。

三脚架的种类很多，要挑选一副并不难，但要考虑两个关键因素：

首先是稳定性。尽管便宜的型号吸引人，但如果三脚架不能提供稳定的平台，那就没有作用了。因此要确保选择一款足够结实的三脚架，在拍摄时能够保持你所有摄影组件完全静止。

第二要考虑三脚架的重量。这一点之所以重要是因为你要带着它和你的其他装备走很远的路程。大部分三脚架是铝合金做的，很牢固，也很轻。一般的三脚架的重量大多在 2 千克左右或更重，但如果你想要同样坚固却更轻的三脚架，那就选碳纤维三脚架，尽管价格不菲。

记住：购买越贵的型号，其三脚架和云台就越要分开买，这样你可以根据你的需要进行调整匹配。大部分三脚架都没有配云台，以方便用户选择专业或普通的云台。下面介绍两种最常见的云台：

球窝云台：这种云台的种类较多，简单的仅有单个控制件，复杂的带有全景锁和标尺、拉锁和液压球锁系统。通常球窝云台比摇摄俯仰云台更结实，也更容易调整，它们可以全方位转动。滑丝过去是个问题，现在已不太发生了。

三向云台：摇摄俯仰云台通常是三向的，适用于像微距摄影这样的精准拍摄工作，也适合所有类型的拍摄。虽然有专门用于全景拍摄的云台，但这种云台的摇摄标尺可显示拍摄角度，对全景拍摄很有用。

技巧8.基本技巧与能力

现代相机的发展应该——至少在理论上——令拍摄出精彩照片变得比过去更加容易。现代相机有如此之多的曝光模式、对焦工具、照片风格等等，制造商希望你相信，现在拍照只需要按下快门就好。

的确，随着技术进步像准确曝光这种技术已经变得非常容易了，但是如果你还想在摄影上有所进步该怎么办呢？

练好基本功

你需要了解构图、曝光以及如何最大发挥相机性能。无论拿着哪种相机，如果你真的不知道如何使用它，那是很难拍出好照片的。

认真阅读说明书，学习相机的使用方法。学习关于景深、对焦、模式和快门速度等概念。这些事可能做起来会有些枯燥，但是有助于培养你的技术思维，使你理解工具的同时，如何操作工具创作出自己想要的画面。

掌握后期处理技术

现在的摄影术与10年前已经大不相同。随着传统暗房技术的衰退，一个好的现代摄影人也必须具备除了构图和曝光之外的技能。本文就向大家介绍5个我认为是最关键的技能。

如何在数码暗房中获得最佳作品的技术，是需要细细打磨的。

无论你是希望"记录"还是"创作"，这都是非常重要的技能，它可以令你更好地控制自己的作品，将结果做到最好。

要做到这一点，你需要选择一款编辑软件，然后学习如何发挥它的全部潜力。这当然并不意味着要买最贵最专业的——应该选择最符合你兴趣和需要的，并准备好改变自己的想法和思维方式。

培养自己的创新意识

按照固定的方法一遍遍拍摄相同的照片是很容易的。

作品的进步意味着你需要不断提升自己的创作方式。

你需要对新事物保持兴趣，比如新的工作流程，及它们如何对你的创作产生影响。

拒绝"进化"会令你难以"生存"，并最终丧失对摄影的兴趣，而如果你希望在摄影上不断进步，就需要不断地接受新观念，创新是摄影人的动力。

学习别人的作品

艺术水平很少会在与世隔绝的环境中提高，其他人的作品是帮助你形成自己风格和提高技巧的关键。

每天都应该花一些时间看别人的作品，思考他们是如何在作品中创作的，以及你如何能够重现这种效果。

对现代摄影师来说，学会在线上和真实生活中与其他摄影人保持联系是很重要的。

社交网站、微博和QQ都是很好的在线分享和讨论工具。

与其他摄影师互动是学习新东西的绝佳途径，而且还可以让你接触新的拍摄机会和器材，也是帮你重新审视自己作品的方法。

反复练习

你可能看过所有喜欢的摄影书、网站或杂志，但这些都不能代替真正地拿起相机去拍摄。对摄影的激情来自使用相机，创作出独一无二的作品的感觉。只有真正地拿起相机拍摄才是唯一的提高途径。只有不断练习，才是让你的照片从众人中脱颖而出的唯一方法。

《湿地捕鱼》 摄影 郭聚成

拍摄数据：NIKON D300 F9 1/160 秒 A 档 白平衡 自动 曝光补偿 -1

操作密码：从高处向下俯拍是个很豪爽的行为，当然，付出的体力也更多。大气的场面，唯美的倒影，悠悠的小船，还有望不尽的绿色，这些足以弥补付出了。这是一个退休老者的作品，认真、努力、执著使我不仅感慨一声，有这样的摄影伙伴真好！

从青蛙角度拍作品的7个技巧

采用极端的低角度拍摄，可以让我们从不同的角度观察世界。我们大部分人在生活中，都从差不多的角度看待周围环境，很少会蹲下身去从不同的角度来看一下。

告诉你，从青蛙的角度去看，那里有着另一个世界。

更换一下角度，就能让乏味少变的景色变得新鲜而生动，只是要注意正确的方法。

把你的相机放低

忘记取景器，把你的相机放低，从低角度拍摄，首先就要接受大部分时间无法使用取景器的问题。很多这类照片的拍摄角度都低到只有青蛙才看得到取景器。如果你的相机有可旋转的 LCD 屏幕，那就是很幸运了。如果没有，习惯一下用感觉取景吧。

从低角度拍摄用广角镜头

广角镜头的景深长，清晰范围大，很适合低角度拍摄。最好是定焦的广角镜头，如佳能的 14mm 等。当然，鱼眼镜头也能胜任。当然如果你能趴在地上构图的话，也可以试试 18-200mm 这样的大变焦镜头，可能会有更多余地发挥。

理解光圈和景深

低角度拍摄的照片，一般都会在前景、中景和背景上都有内容。所以你要了解光圈和景深的问题。一味地使用最大光圈和浅景深效果也许并不适合。每支镜头都有最佳光圈，你最好去了解一下或自己试验一下，画质会得到很大的提高。

注意相机的水平

在你拿着相机接近地面或其他低位被摄体时，别忘了同时注意相机的水平。做好这一步可以节省你在电脑前调整照片角度的时间。不够水平也许一两次看起来不是个很大的问题，但是如果你想反复尝试这种拍摄，最好一开始就养成好习惯。

不过，如果你在前期无法做好，后期还是可以通过电脑来挽救。我只是更愿意在前期就做到完美，尽管这可能需要不断犯错和学习。

天空曝光问题

如果作品中有大面积的天空，而当时又是一个大晴天，那么就需要做一些曝光补偿，当然是向负值方向补偿，一般 -1 效果就很好，如果天空惨白就多补点。

地面如果较暗，和天空的反差很大，超过相机的宽容度，我建议你用 HDR 的方法，就是拍摄 3 张曝光不一样的照片，在相机里或软件里合成一下，得到天空和地面都满意的作品。

选择前景

在拍摄前先想象一下从低角度看到的场景会是什么样的。与眼平拍摄的照片一样，要在作品中包含一些有趣的东西。可能只是一块石头、一簇花或任何东西。这是一个利用透视让普通东西看起来不同的机会。由于角度问题，近处的物体会相对变大。

试验的思路

拍摄、回放、重复拍摄，这是数码相机带给摄影人的好处。尽管我不喜欢每张照片都要回放，因为相机屏幕的分辨率并不足以让你发现自己的错误。不过还是应该用它。拍一张照片，然后回放，甚至放大观看一下，看看哪里还可以改进，包括构图或曝光，然后反复尝试，直到得到满意的结果。

低角度拍摄是一件很有意思的事，可以让你的作品中的世界变得与众不同。不要怕尝试和试验，从青蛙角度去观察世界，肯定能给你带来惊喜。

• 《高 歌》 摄影 刘准增

拍摄数据：Canon EOS 450D F5.6 1/50 秒 ISO100 白平衡 自动

操作密码：好一个幽默的标题，这哪里是"高歌"，分明是抗议和恐吓。心里有点紧张，手有点抖，影响了画面的清晰度。一个难得的瞬间，抓取的很到位，是这张作品的采分点。

"打鸟"的拍摄方法

在摄影论坛中，"打鸟"这个词出现的频率非常高，我把"打鸟"这个词敲到百度上，一搜索，吓我一跳，找到约 106 788 条结果，可见影友们对鸟类摄影有着相当浓厚的兴趣。"打鸟"是摄影爱好者的一个约定俗成的词汇，意思是在很远的地方用长焦镜头拍摄鸟类的照片。由于鸟类体型较小，且十分机敏，为了拍到理想的鸟类照片，摄影爱好者必须远离鸟类用长焦镜头拍照。用长长的远摄镜头瞄准鸟群，那样子就像打靶一样，所以叫"打鸟"。

那么如何才能把鸟类的照片拍好呢？一幅好的鸟类摄影作品既需要器材的支持，更离不开耐心的守候和娴熟的技法，除此之外所拍摄的作品意境的表达也非常重要。下面我们来讨论鸟类摄影的拍摄技巧，把自己"打鸟"拍摄心得和大家一起分享。

谨慎选择鸟类摄影主题

鸟类摄影是十分具有挑战性的拍摄主题，能够找到要拍摄的鸟类已属不易，还要顾到影像品质及内涵则更难，得靠精湛的技巧再加上好运道才可能成功。鸟类生态的摄影作品应完整地传达主角与其所依存的生态环境之间的互动真相，而完全不加以人工干涉，使得观者能够籍由图像明白真实的现状，进而欣赏到鸟儿生动的表情与动作，神游于它们的世界中。

长焦距镜头的使用

鸟类通常不易接近，长焦距镜头一直受到野生动物拍摄者的青睐。通常焦距 280mm 以上的超望远镜头，都有资格被称为大炮。800mm 镜头较适合在开阔地形使用，如拍摄水鸟时，通常水鸟都栖息在河口、泻湖等湿地，且不易接近，此时若拥有长焦距镜头，就愈容易抓住他们的神情。长焦距镜头所呈现在观景窗中的画面是极易晃动的，而且愈是大光圈的镜头景深将愈浅，尤其是当光圈全开的情况下，若摄影距离很短时，这情形将更严重，因此在对焦时必须十分小心。时刻做好拍摄准备。有时最佳的拍摄机会就出现在不经意间，所以一定要时刻做好拍摄准备。当你来到野外，要保证所有设置都无误，比如光圈、ISO 感光度等，能立即开始拍摄。

画面景深的控制技巧

景深的掌握也是影响气氛很重要的因素，所以在按下快门钮之前，最好也能适时地选用景深预观钮，决定最佳之景深范围及光圈快门的组合，只是在实战的现场不见得有足够时间让拍摄者思考，机会通常是稍纵即逝，所以应在拍摄前预先做好对焦动作，也就是在找到目标对象后预测它的行进路线，先行测光与对焦，待它一旦进入有效范围，只需做对焦的微调动作，然后立即按下快门。对焦通常是对着鸟儿的眼睛。使用正确的自动对焦范围，也是需要思考的，很多长焦镜头都可以切换自动对焦的距离范围，以减少浪费不必要的对焦时间。在拍鸟时，一般会选择较远距离的范围，这样有助于进一步减少对焦时间，避免错过最佳拍摄时机。举例如，100-400mm 的大白，有两个对焦选择范围，一个是 1.8m-∞，另一个是 6.5m-∞，当然选择后者。

《激情燃烧》 摄影 冯慧云

拍摄数据：NIKON D700　F10　1/500 秒　ISO200　白平衡 自动

稳定相机的技巧

为了追求拍摄的稳定度，所以尽可能将脚架降低，如此可减低摇晃的程度，通常这时云台上的托板都是直接锁在镜头的重心处。若是镜头只有这一个支撑点的话，一般都无法避免晃动的问题，愈长的镜头这种现象愈严重，倘若不能另外"改装"时，只能降低脚架之后再运用高速快门，以求画质的稳定度。

闪光灯的使用技巧

在某些情况下，闪光灯的使用有时是无可避免的，尤其是拍摄在密林间活动或是夜行性鸟类，甚至逆光补偿时，都有可能用得到闪光灯。为了凝结鸟儿灵活的跳动与细微动作，现场光通常无法强到足以使用较高速快门的程度，所以闪光灯使用的技巧就十分重要了，但是别忘了一点：不但要补光正确，而且不要因此而惊扰到被摄鸟。

《跳》 摄影 吕乐嘉

拍摄数据：Canon EOS 5D Mark II　F14　1/1 000 秒　ISO400　白平衡 自动

"等拍法"拍鸟

首先要有耐心，要仔细观察要拍鸟类的活动规律，做到心中有数。如果你离得太近，它们就会迅速飞走。所以不要主动去靠近它们，而应该等它们向你飞过来。如果你有足够的耐心，会经常有机会遇到它们就落在你的附近——只要它们认为你没有威胁，一般需要你长时间保持静止不动。鸟儿对你的动作非常敏感，所以不要出现突然的移动，以免惊吓到它们。即使是缓慢且平静的移动也经常会惊扰到它们，所以，最好的选择是保持不动，等它们飞向你。

其次，选择好要拍摄的地点，如树、水面等。我喜欢拍摄树上的鸟，要尽量接近目标将相机的焦点对准树上落着的鸟儿，半按快门，向预测鸟儿可能要飞过的空域移动画面。拍摄鸟类大部分要使用长焦，视角已经很小了。要使用三角架选好画面耐心等待，一般鸟儿在起飞前是有预备动作的，看准时机按快门。

还要注意光线，应该在直射的阳光下拍摄，原因有两个：首先你可以用更高的快门速度，其次太阳可以为鸟类提供均匀的光线。更快的快门速度有助于你捕捉鸟的瞬间（因为它们不会在那里静止很久），而均匀的光线则让你避免出现浓重阴影隐藏羽毛的细节。

还有注意画面的构图，除去鸟儿站的树枝占画面的三分之一，其他部分和背景要选干净的天空为好。启用连拍功能，快门速度在250—500之间选择，太慢抓不住，太快把鸟儿凝住动感就不明显了。拍摄时的情况是千变万化的，要根据情况灵活使用。

"连拍法"拍鸟

打鸟用连拍是以数量取胜的方法，抓拍是靠熟练的操作取胜，陷阱拍摄技巧是靠耐心取胜。什么是陷阱法？就是在鸟儿的必经之路上，找好替代物提前对好焦点，等待鸟儿飞过时快速拍摄的方法。

什么是精彩鸟片？网上有影友总结了三原则，拍摄鸟片应该按得到这样的效果，为精彩作品，"嘴中有食，眼中有光，背景如油。"很有道理啊。

总之，如何才能拍好飞鸟，答案是，需要坚强的毅力，并熟悉你所使用的器材，还要善于隐伏跟踪，掌握最佳拍摄时机，另外，还要了解季节、光线，多拍、多练，不断积累经验，"打鸟"要看真功夫啊。

《期 盼》 摄影 王家树
拍摄数据：NIKON D300S F16 1/125 秒
ISO200 白平衡 手动 曝光补偿 -1

《自由的天空》 摄影 张山

拍摄数据：NEX-5　F5.6　1/100 秒　ISO200　白平衡 自动

操作密码：是谁限制了你的空间，站起身来，像鸟儿一样飞出这狭小的天地，把苍白的天空留给回忆。在你的回忆录里，用洁白的奋飞的翅膀，点醒人生，用天井、老屋，把时间沉淀，给儿孙讲一个追求自由的故事。

瀑布拍摄的两种方法

拍摄瀑布，一种是瞬间凝固法，一种是动态拍摄法。前者是用较快的快门速度，如用 1/1 000 秒将瀑布在一刹那凝固，从而使瀑布的运动停留在某个时空状态；后者是用较慢的快门速度，将瀑布的运动轨迹拍摄下来，产生光滑的、雾状的、绸缎般的动感效果。这两者所形成画面的神奇之处在于，在瀑布现场用肉眼是看不到的。从画面的视觉效果看，人们往往更钟情于后者的动感和美感，下面说说后者。

拍摄动感瀑布要用什么样的快门速度呢？从大量的拍摄实践看，想拍出富有动感的瀑布，快门速度应控制在 1/15 秒以下，甚至更低。高于这个速度，动感的效果就会打折扣。

降低快门速度的方法有许多种，最简单的方法有以下几种：

一是，采用手动方法降低快门速度（如快门优先和手动模式，最好应在 1 秒以上）；

二是，通过缩小光圈、降低曝光量来获得低速快门（如光圈优先模式）；

三是，降低 ISO 感光度获得较低的快门速度；

四是，在相机上加中性密度滤光镜降低快门速度。

需要指出的是，拍摄动感瀑布必须要用三脚架或其他依托物，手持相机因曝光时间长，很难拍出理想的照片。

《山水舞太极》 摄影 何晓彦

拍摄数据：NIKON D300　F25　1/4 秒　ISO250　白平衡 自动

《翠叶映白练》 摄影 何晓彦

拍摄数据：NIKON D300 F22 1/4 秒 ISO250 白平衡 自动

溪流拍摄的6项注意

选择拍摄地点

最好选择岩石结构的溪流。溪流基本分两种，一种是单纯泥质结构的溪流，特点是平缓缺少跌宕；另一种就是岩石结构的溪流，一般水流落差比较大，溪流时而奔腾，时而缓缓流淌，时而遇断岩跌落形成小瀑布，姿态各异，变幻无穷。在这种环境下，较容易拍摄出形态丰富的好照片。

拍摄岩石结构的溪流，对焦点要对在不会移动的岩石上，只有把岩石拍清晰了，才能衬托出水的流动感觉。

溪流一般出现在山间，城市的摄影人就要付出精力和体力去寻找了，我建议你选择雨季，水流充沛。同时，最好上网查一下，找好拍摄地点是成功的基础。

最好晴天拍溪流

什么样的天气都能够拍好溪流。但阴雨天气拍摄的照片，流水的质感层次不容易表现出来，树木、石头的色彩也表现不好。确有必要在阴雨天气拍摄时，用黑白或单色的方法较好，也可以在后期将数码的彩色作品转为黑白，可在一定程度上改善照片效果。如果可以选择的话，最好还是在阳光灿烂的天气拍摄，即使是林木荫蔽的溪流，阳光照射不到，在晴天拍摄的照片，色彩层次都要比阴雨天好得多。

取景角度产生不同情调

拍摄溪流不要拘泥于正面取景,俯、侧、仰、前方、后方等角度,均可以拍摄出不同效果的作品。一般采取侧面俯角拍摄,表现流水的奔腾气势,也可以采用仰角拍摄,让流水更壮观。

拍摄的时候,不要一味求全,可以用稍长的焦段,选取局部,突出水的流动,会取得更好的效果。

必要的时候,在画面中添加人物或者动物,让画面增加一些生命的气息。人物和动物有时候也起到平衡画面构图的作用,有画龙点睛之功效。

可以灵活使用三脚架,可以只打开一节,稍仰一点拍摄,也可以全打开向下俯拍。

凝固还是虚幻

溪流的曝光有两种方法:

方法一,用高速凝固溪流,可以用和溪流一样的速度,或超过溪流流动的速度,都可以把移动的溪流凝固住。这个方法适合流动速度较快,跌宕起伏,水花飞溅的场景;高的快门速度可以表现出流水的气势,高速快门最好在 1/160 秒至 1/500 秒之间,此时可以略保留一点动感;快门达到 1/1 000 秒或更高,能够将飞溅的水花定格,同样超出了人们观看溪流的日常经验,给人耳目一新的感觉。

方法二,用较慢的速度来把溪流拍柔,甚至拍成奶状。这个方法适合表现流动速度较慢的溪流,而且石头较多,也比较突出场景。用比较慢的速度曝光,比如 1/10 秒至 1 秒,可以拍摄出水流如练的效果;如果用 1 分钟到 5 分钟,甚至更长时间曝光,可以把流水拍得虚无缥缈,如梦如幻,有另外一种味道。

快门速度的快慢决定看作品的感觉,缥缈或奔腾的感觉来自你对快门速度的选择。

相机功能的设置

当你选择好了要拍摄的场景,也想好了要把溪流拍成什么样的感觉,然后就是设置相机了。通过测定光值后,根据曝光互易律,可灵活选择曝光组合,当然,选用的快门速度越慢,水表现出的柔化状态就越强。

可以选择 A 档方法,把光圈开大一些,速度就会自动调整得较快,这个方法叫看着速度调光圈。好处是比较直观,可以将光圈速度一步调整到位,缺点是要想获得更高的快门速度,光圈开得太大会影响景深。弥补的方法是,当光圈调整好后,快门速度不够快,可以增加感光度,把快门速度提高。

可以选择 TV 的方法,按照自己的拍摄意图调整一档快门速度,这是最简单的方法。需要注意的是,当光圈已经缩到最小,速度还不够慢时,强行设置慢速度会造成曝光过度。

弥补的方法是,要实现长时间曝光,仅仅靠缩小光圈是不行的,还要加用滤镜,通常可以加偏振镜或中性灰镜。偏振镜既能降低两档快门速度,还可以消除石头上的反光,也能消除一些水面反光,让溪流清澈见底。中性灰镜可以降低 3 档速度,不影响色彩,也不消除反光,必要时可以两片灰镜叠加起来使用,这样能把曝光时间再延长。现在市场有一种可调整进光量的"减光"镜,可以根据现场的光线强弱,开大或缩小,使用起来很方便,就是价格有点贵,一般需要 7 百多元人民币,而一般的灰镜一片也就十几元。

还要提醒一下,要根据水量的大小来确定快门速度,水量大快门可以快些,水量小快门可以慢些。用慢速度拍摄,一定要使用三脚架。

构图要灵活

拍溪流一般选择横幅的较多。

可以采用对角线式的画面布局，加强画面的动势。

还要注意给画面里加入其他元素，如石头、小草、枯木等，使画面语言丰富；也容易给欣赏者带来联想，留给欣赏者想象的余地是成熟的做法。

注意溪流的消失点，一般控制在画面的上方。尽量选择用广角拍，广角才会拍出气势。一般由下往上拍，尽量用低角度仰拍。

《一路欢声下山来》 摄影 郭聚成

拍摄数据：NIKON D300 F5.6 1/125 秒 ISO400 白平衡 手动

操作密码：好一个一路欢歌，一个东北汉子拍摄的画面，豪爽地震撼着我们有些疲态的心，一路欢歌地走下去吧，我们的生活才刚刚开始！

小船的拍摄方法

拍摄小船可采用如下方法：

（1）用慢门拍摄"摇摇晃晃的"小船（强调动感）；

（2）冬日江边"被遗忘的小船"（表现破旧、遗弃的感觉）；

（3）用小船作为画面前景来进行构图（使画面有深度）；

（4）对水面测光，把小船拍成剪影（追求画意的味道）；

（5）用小船来平衡画面，为影像带来画龙点睛的效果（用广角镜头突出）；

（6）用小船点缀画面，作为一个元素出现（大场面里的一个亮点）；

（7）在水边拍摄，小船可以是主体，也可以是陪体（构思的两个思维方向）；

（8）注意小船的颜色，与环境的和谐（强化主观色彩）；

（9）拍摄对象在小船上，坐、站、欢呼、挥舞，还是背影？（人像师的导演构思）；

（10）那条停泊在岸边的小船，天空有一轮月亮（营造诗情画意）；

（11）注意小船的倒影与波纹（小品拍摄时观察的基本练习）；

（12）简洁画面里的小船，与太阳一起制造味道（多加曝光负补偿）。

《踏月归》 摄影 张广慧

拍摄数据：NIKON D80　F5.6　1/125 秒　ISO200　白平衡 自动　曝光补偿 –0.7

日出的拍摄方法

　　日出是生活中经常被人们忽略的片刻之一，尽管它们每天都会升起。每一次日出都是独一无二的，也许这就是激发我们抓起相机并开始拍摄的理由之一。

　　日出时的光线恐怕是一天中最令人着迷的了，不仅仅因为它的色彩极为绚烂，更因为变化莫测的光线常常会给人带来意想不到的惊喜。把日出戏称为"魔幻时刻"一点也不夸张。对于一名认真的摄影爱好者而言，这样的时刻更是不容错过。我也喜欢拍摄日出，也遇到过很多困难，我把解决的方法和大家说一下。

　　选择拍摄地点注意什么？

　　首先要知道太阳从什么地方出来。尤其到一个新的地方，环境不熟悉，一定要了解清楚。因为太阳并不总是从正东方出来的，我查了一下资料，只有冬至和夏至是正东出来，太阳每天移动 0.25 度的纬度。了解这些常识有利于我们在拍摄日出选择前景，因为前景很重要，拍日出不是只拍摄太阳本身，而是需要带上环境，要不还需要爬黄山吗？在你家阳台就可以拍到太阳啊。

《秋醉渔乡》 摄影　王时

拍摄数据：NIKON D7000　F8　1/8 000 秒　ISO400　白平衡 手动　曝光补偿 −1.7

拍摄日出作品，当地面上的景物看起来很清楚时，天空就显得很亮，夺目的金红色拍不出来；如果天空暗下来了，地面上的景物就会变成黑压压的一片，有什么办法呢？

这个问题非常具有代表性，其实这种情况不光是在拍摄日出的时候才会遇到，如果我们稍加留意就会发现，凡是当景物的反差很大的时候，虽然我们的肉眼能够看清楚景物亮部的细节和暗部的细节，但是到了照片上，不管是用胶片相机拍摄的，还是用数码相机拍摄的，都很难同时表现出来。不能记录这种"高反差场景"，造成这个问题的原因是相机的感光元件，其动态范围不能像我们的眼睛那样，把景物从最亮到最暗的全部亮度范围都"看"清，就更不用说要记录下来了。

什么是"动态范围"呢？

简单讲，动态范围就是感光元件可以记录的亮度范围。当景物的反差极为强烈的时候，比如日出或日落时的天空和处于阴影中的地面，其亮度范围超出了感光元件的动态范围，那么超出了动态范围之外的亮度层次就会丢失。

《大漠魂——觉醒之光》 摄影 张山

拍摄数据：GR DIGITAL 3　F1.9　1/24 秒　ISO200　白平衡 自动　曝光补偿 -0.3

想拍摄黎明或黄昏时天空动人的色彩和细节，该怎么办呢？

如果你已经做出了选择，那么事情就会好办一些。要记住，关键就在于选择！如果你明确了自己要拍摄的是天空，那么可以尝试一下剪影的表现方法：

首先，寻找轮廓有趣的前景，这样当你勇敢地舍弃了暗部的细节后，这个物体还能够给画面增添足够的趣味，并能为漂亮的天空起到烘托的作用。比如地平线上一棵美丽的大树；海边沙滩上的一个亭子；伸到湖水中的一座栈桥；或是漂亮女友的完美侧影，这些都可以成为非常棒的前景。

然后，对整个场景进行测光。

再次，在测光的基础上进行负补偿，至少减少 1 挡曝光。

最后，回放图像，看效果。也可以观察直方图，确保直方图右侧没有溢出。

如果采用了这种方法，你就能够非常成功地得到一张天空细节完美的照片。如果你的前景选择得好，也会是一张相当不错的剪影作品。

《魔界日出》 摄影 何晓彦

拍摄数据：NIKON D300　F16　1/1 000 秒　ISO640　白平衡 自动　曝光补偿 −1

如果想把天空和地面的细节都记录下来，有什么好的办法呢？

并不是在所有的情况下都能够把天空和地面的细节记录下来，这就好比鱼和熊掌不能兼得一样。但是确实有两种简单的办法可以帮助你在拍摄的时候减小景物的反差，从而尽可能地把天空和地面的细节记录下来。

第一种办法是使用中灰渐变滤镜。中灰渐变滤镜是风光摄影师很常用的一种滤光镜，操作方法也非常简单：

首先，取下镜头上的其他滤镜，比如 UV 镜、偏振镜等，将中灰渐变滤镜装到镜头上。如果是圆形的，就可以直接拧在镜头上；如果是方形的，则可以通过滤镜架插在镜头前。

然后，转动滤镜，让灰色的部分挡住景物中明亮的部分。如果是方形滤镜，还可以调整遮挡的面积。

最后，正常测光并拍摄。

这种方法对于那些明暗交错的场景可能很难起到作用，但是对于那些明暗各占一半的大场景就比较适用了。此外，如果场景反差过大的话，调节的作用也就相对有限。

第二种办法主要针对前景体积不太大，距离相机不太远的情况。在这种情况下，你可以使用闪光灯对前景进行补光，通过提亮暗部，减小景物的反差来调节。虽然这种方法适用的范围相对较小，但是往往能够获得相当好的效果。

当然了，你还可以使用高动态范围（HDR）的手法来合成细节丰富的影像。

《日出时分》 摄影 李继强

拍摄数据：CYBERSHOT F8 1/800 秒 ISO100   手持拍摄

在拍摄的时候，常常还会遇到一种情况，就是曝光达到了预期的效果，但就是捕捉不到光线中那种漂亮的红色，这又是为什么呢？

要解决这个问题，我们就必须先了解"色温"这个概念。就像你已经知道的，所谓"白光"实际上是不同色光的混合，在这种光线下，景物的色彩能够非常好地被还原。但问题在于，光并不总是"白光"，而且我们有时候也不希望景物的色彩被还原得太真实，比如日出时的光线就能给景物染上非常明显且迷人的金红色调，而阴天的光线则让景物带有一种冷冷的调子。通常来讲，色温越高，光越偏蓝；色温越低，光越偏红、偏黄。掌握了这些规律以后，我们就能很容易地判断出日出时光线色温的高低了。

为了对光的这种特性进行描述，人们采用了以"K（开尔文）"为单位来计量"色温"。比如日光的色温通常是 5 200K～5 500K，而日出时的光线色温则是在 3 000K 上下。数码相机具有多种白平衡设置，特别是"自动白平衡"，能够很容易地还原不同光源下景物的真实色彩，所以在这种情况下优点反而变成了缺点，本来漂亮的金红色被"还原"后视觉效果暗淡，好像褪了色一样。

《日出的感觉》 摄影 何晓彦

拍摄数据：NIKON D300　F16　1/250 秒　ISO640　白平衡 自动　曝光补偿 −1

那应该怎样设置相机的白平衡呢？

你的相机里通常会有类似这样的白平衡选项 自动、晴天（日光）、阴天（多云）、荧光灯、白炽灯、自定义等等。在绝大多数情况下，你可以放心地把白平衡设置为"自动"，这样相机就能够自动地还原色彩。但是，当你希望记录日出时分的金红色调时，就需要把白平衡手动设置成"晴天（日光）模式"了。

在拍摄日出的时候还应该注意些什么呢？

首先应该注意的就是自己的安全。特别要注意的是永远不要通过镜头看太阳，用双眼直接看发光的金色太阳也是危险的，尤其是当你在使用长焦镜头时，更要特别注意这一点。因为长焦镜头就像望远镜一样，可以放大太阳光的强度，伤害到我们的眼睛。

把数码相机直接对准任何极为明亮的光源同样不可取。当太阳高挂于天空中时，直接把相机对准太阳会损坏相机内精密的影像感应芯片，也就是 CCD 或 CMOS。但是在日出的时候，它的强度将大大减弱。所以，太阳越靠近地平线，把数码相机对准太阳就变得越安全。

《海上日出》 摄影 李继强

拍摄数据：Canon 5D Mark II F11 1/500 秒 ISO200 白平衡 手动 曝光补偿 −1

夕阳的拍摄方法

1. 选择高点拍

去哪寻找夕阳的身影？也就是说拍摄地点在哪里？首选，野外拍摄，包括的地点很多，如山顶、草原等高点。他们共同的特点是视野开阔，能看到夕阳，风景优美，景色多。

野外拍摄的时候选择地势比较高的地点，比如高山上，拍摄的视角选择高处向下的角度，这样在取景时近处和地面就不会有什么多余的物体遮挡太阳，有利于主要内容的表现。

如果是在城市里拍摄，最好去高楼，能拍摄出来的夕阳很有层次感。

想拍摄到出色的日落作品，就要前往有精彩落日的地方去创作。

测光的时候，一般是选择平均测光模式，这样才能使整个画面的光线分布均匀，不至于过曝或者欠曝。如果是大场景选择评价测光，画面一般呈现中间调。

《遛海》 摄影 肖冬菊

拍摄数据：Canon EOS 5D Mark II F8 1/160 秒 ISO100 白平衡 自动 曝光补偿 −0.7

2. 选择水边

湖泊、江河、大海，甚至是小水塘边，都是很好的拍摄地点。理由是水面的波光粼粼，色彩是金色的，太有诱惑力啦。如果再有个小船，几簇小草，就更理想了。不少优秀的日落摄影作品都是在水边完成的，因为在日落的时候，波光鳞鳞的水面倒映出美丽的彩霞，水面上的船只帆影给画面平添了几分生动，确实是很不错的摄影题材。

拍摄水面倒影会使日落的作品增色，平静的海面或湖面能反映天空中的景物。呈现出如镜中一样的影象，而拂过水面的微风总是会扰动这种倒影。在水面上留下条更加耀眼的光线，并从地平线到画面的前景之间勾画出一条光路。当太阳渐渐下落时，这条光路会延伸到你的眼前。所以，在水边拍摄的时候首先需要注意的是构图的因素，按下快门之前，是不是已经将水平线摆好了位置？是不是已经将需要的景物都包含进去了？这些都是值得注意的问题。

对焦点一般对在画面的兴趣点上，光圈要缩小，加大景深，让画面全清晰。

《孤独的停泊》 摄影 何晓彦

拍摄数据：NIKON D300　F13　1/640 秒　ISO200　白平衡 自动　曝光补偿 -0.3

3. 选择多云

火烧云是最理想的，云彩把太阳遮住，在云彩的边缘上出现烧边，如果再从云缝里露出几缕光芒，你能不兴奋吗？有句诗说：云彩是夕阳的伴侣，云彩配合夕阳的美景，在他们的深深陶醉中，你可要清醒。把曝光补偿给上负值，曝光量一定要降低，在稍暗的深沉中，你可以尽情拍摄云和夕阳的暧昧，也可以给多情的滩涂、弯曲的小路，披上金色的浪漫。

4. 选择前景

前景运用好了，可以解决画面的单调感觉，加强纵深感，使画面产生层次。前景可以是石头、树枝、浪花、海螺、小船、小草、脚印、滩涂的曲线，也可以是相机、饰物、拖鞋等。

5. 选择相机设置

设定白平衡：日光白平衡画面偏黄，白炽灯偏蓝色，夕阳的话还是建议日光白平衡，黄黄的色调适合夕阳。

测光模式：自由发挥吧，看表现的效果，不过我倾向于点测光。

曝光模式：更加自由了，没有墨守陈规，自己去打破规律吧，用尽各种办法表达自己的思想的作品才是好作品。

《临江日落》 摄影 于庆文

拍摄数据：NIKON D700　F16　1/20 秒　ISO200　HDR 拍摄

建筑的拍摄方法

1. **在选择建筑上**
（1）要挑选空间造型设计美好的建筑物；
（2）挑选环境优良的建筑物；
（3）经过阳光照射产生阴影的建筑。

2. **在摄影技巧的控制上**
（1）要注意透视的真实，相机保持水平；

（2）注意整个画面的调整，使用小光圈；
（3）利用移轴相机控制变形，多使用三脚架，稳定相机，保证画面清晰度；
（4）注意层次，不可对比过大；
（5）注意表现建筑质感；
（6）注意构图和曝光。

《丁香之城》 摄影 王际茹

拍摄数据：Canon PowerShot A590 IS　F5.5　1/500 秒　ISO80　白平衡 自动

3. 建筑摄影的 8 个观念

（1）拍摄建筑时的现场感和主观心态是十分重要的。

（2）随着认识水平的提高，很多人都能够表达自己对某座建筑的评判，但作为建筑摄影者，则需时时保持一种"歌颂"的心理，对建筑设计品头论足，那不是摄影师的工作。

（3）摄影师相信的是，在取景框中，任何一栋建筑在某个时间段都可能有着它动人的一面。

（4）真正意义上的建筑摄影强调的是把功夫用在拍摄现场，用自己的器材、技术和经验去收获那种"出于蓝而胜与蓝"的效果。

（5）数码单反相机正在普及，对于热衷建筑摄影的影友，有一支移轴镜头还是很重要的。用移轴镜头现场拍摄的透视效果，与用电脑后期调整出的透视效果，差别还是很明显，特别是在建筑的比例关系上。

（6）表现建筑设计上的隐喻，也是一件很有意思的事。

（7）摄影者要根据拍摄现场的情况，对拍摄角度和光线做出选择，表现出材料给建筑带来的特性和质感。用于建筑饰面的材料很多，如涂料、玻璃、金属、石材、木材等。

（8）建筑是时代的产物，每个时期的建筑都有其自身的特色，反映着当时的社会文化、技术和经济状况。因此建筑摄影的责任，不仅仅在于对建筑本身一时一地的表现和传播，更在于通过建筑记载时代的变迁。这就要求摄影者的眼光要跟上建筑发展的步伐，及时发现建筑的变化。以往的建筑摄影，着重反映的是建筑的构成、体块组合、空间变化等，而当今经济的发展为建筑提供了更多选择，其中一个明显的特点是通过建筑材料及构造来达到新的形式，这已成为近年来建筑创新的重要手段。比如大家熟知的"鸟巢"、"水立方"，就是运用材料的典型。另外，有些建筑在选材用材上还有着更多的考虑和寓意。总之，表现材料的变化和特性，正成为当代建筑摄影的一个重点。

《龙江第一塔》 摄影 李英

拍摄数据：NIKON D800　　F16　　1/50 秒　ISO125　白平衡 手动　曝光补偿 −0.3

操作密码：建筑是城市的灵魂，选择高点，场面宏大才能有气势。恰当地控制透视、景深、变形、对比、质感，是这张作品的成功之道。

低调摄影拍摄方法

低调摄影通常又叫暗调摄影，顾名思义就是整体画面的影调控制得很暗，整体亮度很低的摄影手法。但是光影调低暗不是目的，目的是通过大片低暗的影调更鲜明地突出亮调部分想表现的东西，以强烈的影调对比，来表现作品内容和气氛。

摄影人常说的"摄影是减法"的感悟，减法的意思就是要提炼出画面中自己想要表现的主体，把其余冗杂的信息通过摄影的技巧给去除掉，从而更直接更明确地表达作品的意境，而且视觉上会更有冲击力。所以想拍好低调摄影不是很简单，除了要了解一些必要的理论知识外，还要多拍，积累经验和技巧。

低调摄影拍摄技巧

为了使拍摄的照片符合生活真实，必须根据被摄对象的特征确定低调照片的基调。如煤矿工人特写、熊熊炼钢炉前的工人，晚间灯下学习或工作的人员以及老人等，都可用低调来表现，这样可以使画面人物的情绪深沉、苍劲、忧郁、沉重，得到较深的刻画。

低调照片应选择黑色调的背景，让主体完全衬在黑色基调上，只有这样，小面积的白色调在大面积的黑色调衬托下，画面主体人物的轮廓、富于性格特征的五官和其他装饰，在光线的作用下才会与背景相分离，使画面人物的精神气质得到充分表现。

低调照片的用光，在某种程度上讲，决定着低调照片的成功与失败。因为低调照片大都采用大侧光和侧逆光，突出地表现主体五官的一部分和某个具有明显性格特征的部分，使人一看就有一个鲜明的印象。因采用的是大侧光或侧逆光拍摄，主体轮廓分明，并与背景分开，显示出了主体的立体感和质感，但大侧光和侧逆光的运用，加大了主体白色调部分和背景的反差，曝光时按主体明亮部分曝光，即使不用黑布和暗色为背景（当然不能用白色调为背景），有时也可以达到较理想的低调照片效果。

了解相机感光元件或是胶片的感光性能。CCD(CMOS)的曝光宽容度与反转片的基本一致，比负片的曝光宽容度要窄一些。用数码相机拍摄，如果曝光不准确，就会造成记录的影像层次减少，甚至影响色彩还原。

再说说控制曝光问题。如果使用相机的区域测光或平均测光，应考虑减曝，但很难在数值上确定该减曝多少级。

笔者建议使用相机的点测光或局部测光功能（局部测光一般占取景屏的 10%），对被摄物体亮部进行测光。可获得准确的曝光值。但要注意测光时，一定要贴近被摄主体，测光范围锁定在被摄体的亮部，否则，极有可能造成曝光失误。如果相机没有点测光或局部测光功能。那就只能使用区域测光或平均测光，在测光值的基础上，作包围式减曝，以确保拍摄成功。虽然数码相机可以立拍立看，但现场如果是非静态的，就会错失良机。

最后说说后期加工问题。虽然数码相机拍摄的图片便于后期处理，但也不能脱离了摄影的本质，不要与电脑绘画与平面图形制作混为一谈。当然，为作品弥补前期拍摄的不足而进行的处理还是可以适当进行的。

如果拍出来的低调照片表现力不足的话，可利用 Photoshop 图片处理软件进行修正，如调整反差、减低亮度，滤镜的光照效果（点光效果）等，都可以帮助你达到理想的目的。

《神秘园》 摄影 李 英

拍摄数据：NIKON D800　F7.1　1/1.6 秒　ISO800　白平衡 自动　曝光补偿 −1

《金鸡峰丛》 摄影 李继强
拍摄数据：Canon 5D Mark II F11
1/500 秒 ISO400 白平衡 自动 曝光
补偿 −1

地貌的拍摄方法

地貌，也叫地形，即地球表面各种形态的总称。地表形态是多种多样的，地表物质不断进行风化、剥蚀、搬运和堆积，从而形成了现代地面的各种形态。地貌是自然地理环境中的一项基本要素。它与气候、水文、土壤、植被等有着密切的联系。

拍摄地貌是风光摄影的一部分，我来介绍两种地貌的拍摄方法：

喀斯特地貌的拍摄方法

中国仅裸露型喀斯特地貌就有 90 万平方公里以上，是喀斯特分布最广、类型最全的国家。摄影人主要拍摄地表形态类型属正地形的峰林、孤峰、残丘、喀斯特丘陵和石芽等。负地形的如落水洞、溶洞、地下暗河和溶隙等虽然也在拍摄之列，但拍摄难度很大，主要受光线的制约。

（1）拍摄用相机最好用单反相机。可以更换镜头是最大优势，很多时候需要用超广角镜头，长焦也可以把远处的地貌拉近。

（2）最好使用小光圈。光圈可调的相机一般设置到 A 档，选择 F8、F11 或 F16，利用景深原理，把清晰范围加大。

（3）最好选择高点拍摄。这样前后景物不会重叠，拍摄的场面也很宏大，有利于表现"势"的感觉。

（4）季节的选择很重要，如去罗平拍摄金鸡峰丛，油菜花盛开的季节就非常好。天气应选择晴天，有蓝天白云更好，这样空气透视效果好，有利于表现大场景。

（5）天空有时会过曝，可以加渐变镜来改善；画面浅淡、发白，可以增加曝光负补偿来调整；颜色不浓烈，可以设置增加"饱和度"；画面发灰可以增加"反差"与曝光正补偿；照片风格与优化校准是可以选择设置的，一般选择"风光"、"鲜艳"，均可。

《泥林·家园》 摄影 霍 英

拍摄数据：NIKON D7000　F11　1/60 秒　ISO100　白平衡 手动　曝光补偿 −0.7

泥林地貌的拍摄方法

前段时间去了一次泥林，泥林位于松原市乾安县西部，又称"狼牙坝"，历经数年风雨沧桑，但是，高大泥林景观在漫长的历史变迁中仍完好地保存下来，不失其故有的风采。泥林是因雨水多年冲刷盐碱地层而形成的罕见的地貌带。喜欢大自然的朋友，应该有这样的机会走进泥林，去读读这里的地貌，去感受大自然的独具匠心和鬼斧神功。"狼牙坝"高出湖面 50 米，南北长 15 公里，面积为 58 平方公里，沟壑纵横，叠峦起伏，泥柱如林，连峰接岭，土壁陡峭，形状各异，阵阵寒气逼人，大有幽谷深渊之感，犹如置身于原始公园之中。土柱泥林，其形似锯齿，状如狼牙，脉脉相连，横卧南北，故当地人称为"狼牙坝"。来此摄影的人说："南有桂林，北有泥林。"

去泥林的摄影提示：

（1）去乾安泥林拍摄季节最好为春、秋、冬季，可以利用早晚不同色温的光线，拍摄不同的效果。

（2）最好使用三脚架利用小光圈做精确对焦拍摄；日出和日落往往有彩云出现，偏振镜和中灰渐变镜大有用处。

（3）使用多次或长时间曝光有时可以得到意想不到效果，大家可以做相应的尝试。

（4）用电筒或其他照明用具为近景补光或做光绘。

（5）选择高点向下俯拍可以表现大场面；选择下到谷底向上仰拍可以表现崇高的感觉。

《清晨·窥视》 摄影 李继强

拍摄数据：Canon 5D Mark II F2.8 1/500 秒 ISO200 白平衡 自动 曝光补偿 −0.3

微距摄影方法

我们拍过的作品中，其中有很多都是微距拍摄的动物或者风景，下面我们就来介绍一下如何拍摄微距作品。

微距摄影着重强调被摄体的细节、形态及纹理，是一种非常独特摄影类型。

在本文中，你可以了解拍摄一张精彩的微距摄影作品的因素都有哪些，并得到一些如何将你的作品引人注目的建议。

拍摄微距，你最好有一只专门的微距镜头，例如佳能 EF 100/2.8L IS USM 这样的。

拍摄建议 1：微距摄影就是放大摄影，可以将照片上物体的大小，从真实尺寸的一半，放大到 5 倍左右。

拍摄建议 2：作为普遍原则，你应该使用不大于 f/16 的光圈，以便让被摄体全部或大部分都在景深范围之内。当被摄体无法全部安排在同一平面上时，你需要决定对哪一部分合焦。

拍摄建议 3：尝试大光圈，这样可以将被摄体的大部分置于景深之外，产生令人满意的艺术效果。

拍摄建议 4：在进行微距摄影时，使用浅景深是必不可少的。因为背景完全在景深之外，所以往往会产生令人满意的效果，而且你可以非常自然地布置拍摄场景。尽管不用考虑背景问题，但还是别忘了检查一下是否有其他任何会分散观众注意力或不和谐的元素。

拍摄建议 5：从意想不到的角度拍摄来获得富有创意的微距照片。尝试用不同的光线，用顺光加强被摄体的色彩饱和度，用侧光强调质感。

拍摄建议 6：当画面中有一个兴趣点，并且处于恰当的位置上，那么这张微距照片就会很成功。选择一个简单的背景，这样就不会与被摄体形成竞争关系而分散观众的注意力。

拍摄建议 7：近摄镜是一个类似滤镜的附件。它装在普通镜头前端令你可以更近地对焦。虽然最大放大倍数取决于镜头的焦距，但你能够从更近的距离对焦。

拍摄建议 8：拍摄花朵、树叶及户外的昆虫等题材很具挑战性。一阵微风就可能毁掉一次完美的构图。必须消除被摄体的抖动和模糊。在拍摄之前，尝试在地上插根棍子，然后将要拍摄的植物固定在棍子上来保持静止。拍摄时应使用最快的快门速度，如果用小光圈拍摄，则还需要使用环闪或闪光灯组。

拍摄建议 9：一个稳定的三脚架是必须的。你有两个选择：买一个支脚能够以最大角度张开，并可达到较低位置的三脚架；或买一个中轴可以倒置，能够允许相机正面朝下悬挂在底部的三脚架。

拍摄建议 10：如果在室外拍摄，明亮的天气会令微距照片效果非凡，因为不必使用较慢的快门速度。多云但明亮的天气尤其适合微距摄影，因为此时照射在被摄体上的光线非常均匀。

《贪婪》 摄影 李继强

拍摄数据：Canon 5D Mark II F3.5 1/500 秒 ISO200 白平衡 自动 曝光补偿 –0.3

追随拍摄方法

拍摄运动物体能有好多种拍摄方法，但是追随拍摄法是用途最广泛同时也是有一定难度的拍摄方法。

在按动快门的同时和按动快门之后，照相机要始终和动体保持相同速度移动。由于照相机跟随动体向背景的反方向移动，所以照片上呈现出许多流动的线条，而快门速度越慢，流动线条越明显。

照片上的动体由于和照相机的移动方向、移动速度基本保持一致，所以形成清晰的结象。

整个照片的画面给人以强烈的动感效果。

追随拍摄的要领

顺着目标的运动方向，平稳地移动相机，使目标在取景窗中的位置始终不变，并在移动的同时按下决门。

这种方法可用来拍摄行进中的短跑运动员、骑手和驾驶员。其效果是运动员的形象清晰，而背景一片模糊。优点是可以避免杂乱的背景破坏画面，同时，模糊的背景能衬托出动作的快速。追随法的快门速度通常为 1/15－1/60 秒。在没有把握的情况下，可对同一目标用不同的快门速度拍摄几张，以供选用。

介绍两种追随拍摄的方法

一是，平行追随：相机与动体的行进方向成 90°。拍摄时，相机平行追随动体。

平行追随法拍摄时应注意以下问题：

（1）照相机的移动速度一定要和动体和移动速度始终保持一致。

（2）照相机的移动要在一条水平线上跟随动体移动，不能前后左右地晃动。

（3）按动快门要轻，时间不能过早或过晚，一般说在平行追随时以和动体在 75 度角到 85 度角之间按动快门为宜。

（4）按动快门的时间应该是动作高潮期。

（5）快门速度应根据动体的移动速度和你所要追求的拍摄效果确定，一般应在 1/15 秒～1/60 秒之间，最快不能超过 1/125 秒。

（6）要充分利用现场的光线效果，采用侧逆光和深暗一些的背景，拍出的照片效果会更好一些。

二是，变焦追随：拍摄者在面对迎面而来的动体时，利用变焦镜头，在变焦中追随拍摄，这时动体的四周会出现放射线条，有迸出的效果，动感很强。

拍摄的要领是：当把动体对焦清楚后，随动体向前移动的方向，从远向近拉镜头，即从短焦距往长焦距拉动。

如动体向后移动时，也可从近向远拉镜头，也即从长焦往短焦拉。

变焦追随时，用左手拉动焦距，右手按动快门，在拉动焦距中按快门。

背景要选择有景物的地方，这样才能在变焦时，出现迸发式的线条。

拍摄时，因动体迎面而来，所以要特别注意安全问题，拍摄前要选择安全拍摄点，以免被动体撞伤。

烟花的拍摄方法

天上的烟花可以被归入众多被摄物中最难拍的一类，因为需要考虑到高度、大小、感光度的设定、光圈、快门速度等问题，如果缺乏经验，全都不好把握。更重要的是废片的机率甚高，为了得到不错的一张照片通常要付出 10 多张废片的代价，下面我们以佳能相机为例子作说明。

烟花拍摄特性

我们通常的拍摄对象都是受到反光的物体，但烟花会自身发光，某种意义说来和夜景摄影比较接近。因此按照夜景摄影，光圈用 F8 甚至到 F11。如果将光圈开到 F4，F5.6 的话，烟花的闪光部分附近会变得很白，效果不佳。但是如果用 F16 或者 F22 这样的光圈，会产生衍射现象，变成全白的照片，所以也不推荐。

快门速度基本上使用 B 门，没有固定的时间。这是和拍夜景有很大区别的。夜景的灯饰因为是持续发光的，据此决定快门速度会比较容易，但烟花既不知道什么时候出现，发出什么样的光也无法预知。所谓烟花就是闪光之后，一边发光一边移动（落下或者因为炸裂向四面八方飞散）。为了记录光线轨迹，所以使用 B 门。ISO 用 100 就可以了，没有必要使用 400 或者 800 这样的高感光度。

将 ISO 设置到 100，光圈设置到 F8 或者 F11，使用快门线，快门时间，从烟花飞上天一直到燃尽时，短的话大约 1 秒，长的话能到 30 秒。

晴朗的天气相对来说会更适合，晚上湿度也会低一些有利于摄影。拍摄地点建议离烟花发射点远一点，用大变焦镜头拍摄，不用将头仰得太高，这样拍摄效果会更好。

实际拍摄里的问题

曝光解决之后就要解决对焦问题了。在黑暗中，天空连确定位置的参照物都没有，所以有些我们要遵从一些规律。

烟花出现前我们必须牢记，发射点和摄影点的距离十分远，黑暗中不要使用 AF 自动对焦，而要切换到 MF 手动对焦档，把焦距设定在无穷远。这样就准备完毕了。

推荐使用的镜头是等效焦距 42-450mm（28-300mm 大变焦头），适合距离发射点 500 米到 3 000 米的情况。用大变焦头的话，几乎所有的烟花都能覆盖。

把镜头调到广角端。最初烟花上天时立刻按下快门，到烟花绽开最后光线消失时收起快门，我们可以用液晶屏来确认是否拍到，这就是数码机的方便之处。如果和自己所想的一样那就 ok 了。如果不是那就调整焦距和构图。

要做到烟花从画面的下侧正中间开始绽开，最后能拍到烟花的全貌，不过要做到这点比较困难。构图时上方要留有空间，才能把焦距伸长。

而且相机在快门开放时，为了保持快门需要比较大的电流，考虑到电池消耗，我们也要准备备用电池。其他的就是，为了调节明暗度的灰镜，模仿多重曝光的遮光幕（纸），为了操作相机的小手电也都是必需品。不过手电还是尽量不要随便点亮，或许会给附近的其他摄影者带来不便。

关于构图的问题

相机的位置不但可以横置也可以纵置，横置的时候，可以向着上升的烟花一点点地左右移动，这样拍摄比较好。烟火的闪光变弱的场合可以移动相机，这时可以仍然保持快门开着，在镜头前加上遮光幕（纸）然后移动。这种技术在广角端和望远端两方使用可以模拟多重曝光效果。而且，B门操作时扭动变焦环（曝光时变焦）也是很有意思的。时机自然是烟花绽放的时候，变焦方向可以从望远端到广角端也可以反过来从广角端到望远端。摄影时因为无法从取景器观察，只能凭着感觉操作，进行曝光中的变焦，所以可能得到意想不到的效果。

烟花作品一般都是站在地上拍摄的，都是从地上往上看，如果从高大建筑的屋顶之类的地方拍摄应该更加有趣，那样可以把地面上的光也拍入画面。

《绽放》 摄影 李继强

拍摄数据：Canon 5D Mark II　F8　ISO200　B门　白平衡 自动

烟花球型散开，连带飞行轨迹全部拍下来的时候，相机纵置会比较容易取景。不论横置和纵置，画面中无用物还是太多。要让烟花布满画面，这就要用到模拟多重曝光。开着快门，在照完一发以后，用遮光幕（纸）挡住镜头，然后把相机稍微水平转动，第二发出现时取下遮光幕（纸）重复这些步骤，1 张中就可以拍下多发烟花。这时由于反光镜已经翻起，只能依靠感觉取景。

还有一种技术是曝光时变焦。基本做法是开花后马上变焦。烟花闪光的动态和变焦可以形成肉眼无法看到的照片。

不仅曝光时变焦，而且在烟花绽放时移动相机，刚刚飞上去时移动相机，然后绽开后变焦。飞上去的轨迹和开花时的样子就像真的花一样。

随着数码相机噪点越来越低，数码单反相机也更适合烟花拍摄，这次没有使用灰镜。夏天如果湿度很高，使用灰镜稍稍抑制一下整体曝光量，然后通过处理，把烟花变得更亮，背景变得更黑，这样也是一种方法。利用 raw 来存储也是值得提倡的

《此起彼伏》 摄影 李继强

拍摄数据：Canon 5D Mark II　F8　ISO200　B 门　白平衡 自动

秋天红叶的拍摄方法

一提起秋天，我们不免想起落叶缤纷来，但如何在这样浪漫却重复的场景不落俗套地拍出落叶的不同模样呢？现在，让我们在秋色渐起的时节，从基本问题出发，看看以下几种拍摄秋天红叶的方法。

1. 拍摄方法

经常会有人问，为什么拍落叶时，画面不是所见的色彩缤纷，而是各种颜色交织着、层次不清？

实际上，秋天红、黄色肯定是画面的主色调，我们拍摄时比较喜欢偏暖的设定，让红、黄色过重，甚至让整个风景都蒙上一层红色，这就使得画面色彩和层次变得浑浊不清；我们不妨尝试改变一下白平衡的设置，或在画面中加入一些有色彩冲击的其他物体。

那么，红叶怎样拍才更有趣？

对于摄影人来说，拍摄红叶的方法多种多样，其决定性因素在于你是否善用眼睛发现不同：一是选择不同的角度去诠释同样的物体；二是为画面增加或减少一些元素，让主题更加突出，画面更干净。

如果你看到的整个树林里都是红、黄、绿一片，那么不如为画面减掉一些不必要的色彩。不妨在拍摄时选取最有表现意义的红叶作为对焦点，突出主题，着重表现其质感和色彩。

将大片红叶放在最前景的位置，只突出镜头前红叶的色彩，这就使得作品主题更加鲜明，画面也因为色彩单纯而干净了许多。

选择前景或有效布置前景，加大作品的深度，也是表现红叶的一个方法。

另外，在拍摄秋天的红叶时，不妨多尝试使用不同的白平衡设置，不必拘泥于自动白平衡的矫正效果，各种色温下的红叶也别有一番韵味！

2. 几个小技巧

用尽量低的 ISO，保证纯净画质。

寻找光线和红叶的最美陪衬，来营造秋日小情调。任何一种类型的拍摄，不管主体是多么地漂亮动人，红花也得绿叶配；所以，其他环境元素对于渲染画面而言都十分重要！我们在拍摄红叶时也是如此，尝试挑选有对比感色彩的物体做搭配能迅速地突出红叶，比如在拍摄时试试拿深蓝色当背景吧！

减少曝光补偿让红色更纯正。

虽然逆光能够营造清透的感觉，但并非所有的树叶图片都必须使用逆光拍摄！当我们使用顺光光线位置拍摄红叶时，准确的曝光组合能够让树叶的色彩更加真实，通常情况下可以考虑在拍摄时能减少1EV值进行曝光，压暗环境。

选择深沉的背景颜色。

背景的选择在拍摄红叶的特写或小景时十分重要，它几乎决定了你是否能够更迅速、更有效率地拍出好的照片！当我们选择背景时，不妨考虑用色彩和质感更深沉的元素，如墙壁、岩石等，它能帮你迅速突出主题；另外，两者质感上的对比也能起到关键作用。

加入人的元素。

无论是拍摄地面上的红叶，还是树上的，为打破一贯死板、枯燥、只有红叶的画面，人或动物元素的加入可以让画面增色不少。

找到有趣的形状。

红叶会因风或水流等原因堆积在某地，我们可以截取一个形状较完整的局部进行构图，有形状的画面能更有趣。

发现最异类的部分。

红叶从远处看会成密密麻麻一片，很难呈

现层次感；拍摄时不妨从排列中找到突破，如深色树干就能轻松点缀画面。

制造纵深感。

制造层次的另一个方法是制造纵深感。如下图，前景的人物加强了纵深感，小桥的线条加入使画面工整，远处的烟雾使画面富有变化。

《正是满山红叶时》 摄影 李继强

拍摄数据：Canon 5D Mark II　F8　1/200 秒　ISO200　白平衡 自动　曝光补偿 −0.3

别让落叶那么安静，挥洒最活泼的浪漫秋色。

（1）慢速快门让落叶更迷蒙，有没有尝试用慢速快门拍落叶？其实这将是个浪漫、有趣的事！

（2）旋转跳跃锁定焦点。

（3）换个机位让落叶飞起来。

我们总是奢望大自然能够给我们制造一种秋日里落叶满天飞的场景，其实这样的景色可能时常出现在你的身边。佳能 5D Mark III 的 6 张连拍功能，就可以让你轻松捕捉到树叶扬起的画面。

后期制作让秋天的红色更纯粹。

秋天枫叶林不一定有你想象的那般壮美，但我们可以在后期对其进行修改。一是可以改变对比度让色彩更实在，二是利用曲线工具让色彩更纯正，还可以调整明暗细节烘托秋日气氛……

《知秋也就一两片》　摄影　李继强

拍摄数据：Canon 5D Mark II　F5.6　1/500 秒　ISO200　白平衡 自动　曝光补偿 −0.3

车展的摄影方法

在城市里搞摄影，拍摄车展是个好题材。车展开幕，摄影人都会带上自己的相机记录车展里许许多多的精彩瞬间。拍好车，更要拍美女。但是，拿着相机进去调自动挡按快门，是难以拍出一张好照片的。尤其是车展场馆里特殊的光线环境，决定了车展摄影需要更多的技巧。

1. 器材准备

拍摄前的准备工作对于拍摄成功与否很关键。针对车展现场环境的特殊性，准备好合适的摄影器材是非常必要的。

首先是相机的选择。

单反相机肯定是首选，在非常大的展厅中，在光线较弱时及没有闪光灯情况下再配一个24-70mm 的大光圈镜头对于拍摄车展是一个不错的选择。如果你在拍车的同时还想收入车展上众多美女的话，有一只 70-200 的镜头在包里备用也是很有必要的。长焦可以帮助你在人多的时候避开干扰，使得构图简洁明了。

对于车展拍摄来说，单反相机的选择也是有讲究的。车展一般在室内进行，那么光线较室外肯定要弱，此时需要获得更多的曝光量，提高 ISO 感光度是个好方法，那么就有必要选择一台高感光下也有强大画质表现的单反相机了。全画幅单反相机肯定是首选。对于专业车展摄影人员来说，全画幅单反相机会有更好的发挥，也可以拍出更多有价值的照片，在光线较弱的环境中，可以通过提高感光度，获得曝光正确、成像清晰的照片。

对于人多混杂、场地有限的车展，镜头选择方面强烈建议不要使用定焦镜头。没错，大光圈的定焦镜头可以获得更好的焦外效果，对于虚化杂乱的背景很有效，但是在人挤人的环境当中，很多时候不是说移动位置就可以移动位置的，对于取景来说十分不利。这里建议使用恒定光圈的变焦镜头。能覆盖常用的24-105mm 焦段的镜头都是不错的选择，对于APS-C 画幅的单反相机来说，还要注意乘上转换倍率。

其次是要有外置闪光灯。

车展在室内进行，光线较室外弱不说，各种各样的射灯干扰也非常大，无论是拍摄香车还是美女都会有一定的影响，尤其是拍摄模特，因为射灯的光线多从上方打下来，所以会在脸部留下较明显的阴影。另外在展馆中，内置闪光灯恐怕功率未必够，需要在一定的距离范围内效果才明显，那么外带一个闪光灯显得十分重要，较高的功率以及可调角度的特点可以拍出更具效果的照片，当然这对于拍摄美女模特更为奏效。

2. 如何获得清晰、满意的画面

首先是提高快门速度。

只有将快门速度提高，才能保证画面清晰。根据我的经验，在有独脚架的帮助下，1/10 秒的快门速度就可以了，而没有独脚架的话，至少要达到 1/30 秒的快门速度。那么如何才能提高快门速度呢？一是可以打开光学防抖功能，正常情况下，快门速度是可以提高 2-3 档。二是通过提高 ISO 感光度，这是把双刃剑，ISO 感光值越高，快门速度越快，但画质越差。

所以在使用的时候尤其慎重，特别是控噪能力普遍比较差的消费级数码相机。三是通过增大光圈，但带来的问题是景深变浅，焦点的控制难度增大。

其次是在曝光方面，我们要尽可能选择正光，也就是展台的主要光线来进行拍摄。考虑到车身都经过特殊处理，所以反光比较严重，所以可以使用 CPL 镜片，就是偏振镜来消除反光。当然，我们也可以利用角度的变化来消除杂光。

在测光点的选择上，如果仅仅是拍摄汽车，那么可以用中央重点测光，甚至是平均测光模式，准确率都非常高，但如果画面中有车模出现，镜头的重点就会有所偏移，测光点就要放在模特的脸部，这时候用点测光是最准确的。通过曝光补偿的增减调整背景的曝光，宁欠勿曝，给后期留下足够的调整空间。

在曝光上，还有一点需要注意的是光影的变化，它可以突出汽车局部的立体感和层次感，点测光的优势非常明显，但考虑到数码相机普遍宽容性不够广的因素，可以在后期通过曲线的调整，加重效果。

3. 再说说构图

难点在于要突破传统的审美观念。我们可以充分利用镜头广角端的畸变，例如在用横构图突出车前脸的霸气，用竖构图表现车身流畅的线条。通过大景深，描写车身局部的细节，从倒车镜、车标，到内部装饰，甚至是仪表盘，这些都不要放过。在视角的选择上，如果我们选择 0 度，也就是和车平行的角度去拍摄，往往会得到意想不到的效果，当然，如果允许，90 度的大俯视效果也将足够震撼。

4. 与车模沟通

拍摄车模要注重沟通技巧，只有语言简洁，拍摄迅速，才能提高成功率。车模的拍摄也是整个车展拍摄很重要的一个组成部分，香车与美女是整个车展文化中密不可分的两个主体。在车模的拍摄手法上，可以多选用长焦进行拍摄，这样不仅有效避免周围环境的干扰，也更容易表现模特的面部表情与神态。既要注意拍摄一些车模的特写，也要拍摄一些车模与车的合影，不能将车模与车相互孤立。

由于拍摄过程不同于偷拍和抓拍，在拍摄过程中可以与模特打过招呼。当确定可以拍摄后就可以拍摄了，另外也可以拍到模特最灿烂的微笑。另外拍摄时也可以询问模特是否到达了最佳的拍摄状态，这样也可以获得更加的拍摄时机。

车展里人数众多，很难在最佳的时间内按下快门，这样就需要更加细心地等待和当机立断的按下快门。在会场内，广阔的环境里很多人都在拍摄，也许拍摄同一模特，这就需要拍摄时能够果断地判断是否适合拍摄。

最后还要教大家一招，就是要想吸引车模的注意，让她为你单独摆姿势的话，就必须主动和车模进行交流，站的位置要靠前，器材最好是数码单反配上长焦镜头（"小白"最亮骚，因为模特们知道，白色镜头都是昂贵的专业镜头），通常她们都会满足你的要求。如果相机不够显眼也没关系，你可以躲在一些专业记者的后面沾光啊。确定可以拍摄后就要立即拍摄，拍摄的高速和高效率是非常必要的，如果速度非常理想的话，不仅可以拍摄到最佳的效果，也容易拍到模特最好的状态和姿势。尽管与模特沟通可以很好地把握拍摄机会，但只拍 1 张的话还是非常危险的，最好的选择就是拍摄 3

张照片。如果只拍 1 张的话，正好模特闭眼或焦距有问题的话，那剩下的只能够是懊恼了。为了防止此类事件的发生，拍摄 3 张最为适合，而由于拍摄场景过多，拍摄 10 或者 20 张照片的情况就没有必要了。

5. 拍摄车辆

可以多选择广角端，相对强烈的透视感会让画面上的汽车显得更有气势。在拍摄整车时，配合现场的光线，过曝一档会使您的照片更透亮。在整车拍摄时要表现展车的整体造型。同时抓住每台车的造型特点，或独特细节，拍摄一些局部画面来突出每台车的特别之处。在拍摄展车内饰的时候会用到闪光灯，这时尽量用反射光线，避免直射造成一些内饰材质的反光。在内饰拍摄的时候，尽量做到一张图片说明一个问题，使得图片有中心，有内容。可以将展车的内饰交待的清清楚楚。

6. 几个小提醒

一是，关于闪光灯的。

在拍摄车模的时候可以用闪光灯进行补光，但是闪光灯直直地打在脸上未免显得有些生硬，而且背景会变得曝光不足。这时可以降低一些快门速度，使快门速度降到接近不使用闪光灯时所测得的速度，并降低相机的闪光曝光补偿，来达到更好的拍摄效果。拍摄车模的时候，同样也要注意利用好现场的光线，如果利用得当的话，也会达到意想不到的效果，比如利用一些背光或测光勾勒出模特的轮廓或秀发的质感。由于会场内人数众多，在使用闪光灯的时候要特别注意，周围的人的胳膊或脸很容易遮挡住闪光灯。另外也有遮挡镜头的可能，所以在快门按下的瞬间要再次确认是否有以上问题存在。

二是，关于变焦镜头的。

由于拍摄场地可能不会太宽广，而拍摄时又不能离模特距离太近，那么一款变焦镜头就成了这时的首选，高倍率的 18-200mm 的变焦镜头就非常便利，当然，如果是 28-300mm 的白色变焦镜头是非常理想的。

三是，关于模特的。

在拍摄过程中尽量不要与女模特对话，也尽量不要违反会展的相关规定，这样整个拍摄过程才会愉悦轻松。

四是，关于色彩还原的。

要善用展厅灯光保留车展现场感，充分利用现场的光源。因为每个展台都会布置一些灯光，这些灯光效果虽然漂亮，但不一定对拍摄有利。拍摄时要小心避免一些灯光直接射入镜头中，这样会造成拍摄出来的作品产生曝光不足、发灰、眩光等不良效果。同时还会造成相机测光和对焦的失误。拍展车的外观时尽量避免使用闪光灯，尽量保留车展的现场感。

虽然在展览大厅的顶部会有稳定的光源提供，但厂商为了突出自己展车的局部系列，往往会增加很多发光源，例如展台的四个角和顶部。此外，让拍摄者更加郁闷的是，这些光源的色温和亮度往往都不一样，主照明灯是白色，而一些突出气氛的射灯有的是蓝色，有的是红色，有的还是绿色，这些光线交织在一起，不但让拍摄者很难掌握，对于相机的自动白平衡也是个严峻的考验。

五是，事先熟悉展位分布。

到车展现场要做的第一件事是熟悉展位分布，先找到展位分布的总览图，摸清各汽车品牌的展位分布，过滤掉重复展出的车辆，并将一些重点车型的展台锁定，制定好自己的拍摄路线，这样的规划可以为紧张的拍摄赢得更多时间，也可以避免自己在复杂混乱的人群中穿梭而不显得盲目。

六是，关于相机的设置。

首先设置一下 ISO 速度，由于车展的现场光线不够，因此应当把把 ISO 的速度稍微提高，以保证可以获得较快的快门速度，但过高的 ISO 速度会对成像效果造成较大的影响，因此建议 ISO 的数值最好应当在 1/60-1/200 之间。

然后把光圈开大，建议不大于 F4，初步设定好相机之后就可以开始享受你的拍摄过程了。

设置单点对焦，随时准备采用手动选择自动对焦点。

照片风格选择"人像"。

图片格式选择"RAW"，这样可以在后期从容不迫地调整。

七是，关于构图的。

在拍摄的构图与手法上，可以多选用一些较低的角度来表现整个车的造型，尽量让背景干净使得主体更加突出，尽量避开人群或其他干扰因素来精简整幅图片。

《心仪以久》 摄影 李继强

拍摄数据：Canon 5D Mark II　F5.6　ISO400　1/250 秒　白平衡 自动　曝光补偿 -0.3

186

磨磨你的拍摄技术

1. 基本技术是拍摄方法的基础

基本技术有 6 大块：

相机，是工具，摄影的任何方法都离不开它；

镜头，是工具的一个组成部分，大多数摄影语言和方法都和它有关系；

光线，合理利用它是拍摄方法的灵魂；

角度，是拍摄方法的基础；

构图，是拍摄方法要达到目的的载体；

后期，有些拍摄方法是带着后期的想法来操作的。

《油田印象》 摄影 王彩霞

拍摄数据：NIKON D80 F5.6 1/2 秒 ISO200 白平衡 手动 用三脚架拍摄

《岁月沧桑》 摄影 刘林

拍摄数据：NIKON D7000　　F8　　1/250 秒　　ISO200　　白平衡 手动　　用三脚架拍摄

2. 徘徊期，搞创作的都有过

摄影到了一定阶段，无论对工具还是拍摄方法，都麻木，进步幅度明显减慢或停滞，这是你摄影徘徊期的表现，如果你最近进入了徘徊期，不妨从下面几个方面试试改变。

什么是徘徊期?

徘徊，是一种正常行为和现象，每个人都有;

徘徊，书面的意思是指在一个地方来回地走。

我理解的徘徊应该是这样:

徘徊，是指摄影活动的暂时喘息，是指一个机会到来之前的等待，是对过去摄影的总结，是对将要出现的事物的思考。

徘徊，是一种前进的逗号，没有徘徊，就没有前进。

徘徊，不是一味哀叹，一味怨天由人，一味自暴自弃，真正意义上的徘徊是每个摄影人的必经的阶段。

徘徊是一种思索，也是一种领悟，所以，欢迎徘徊，懂得徘徊，实际上是你要觉醒的标志。

但徘徊太久，就是犹豫，就是一种怯弱，也是一种把握不了自已的体现。

不管是出于何种情况的停滞不前，我们都称这一时期为"徘徊期"，都需要冷静下来，认真分析一下，纠正不足，发扬长处，以便继续推进和提高。

徘徊是一种无色透明的东西，经常跟这个看不见的家伙打交道，能感觉到它，体验到它，然而，它却不是一个物体，不是一堵真实的墙，却总是在撞着它的时候，有着那种撞在水泥墙上的疼痛。

是什么使你徘徊呢? 如进退两难，"疲倦"状态，按部就班，墨守成规，一时的兴趣，盲目，不满，抱怨，茫然，恐惧，挫折感，还是不自信等。

徘徊有时是清醒的迷路，徘徊有时需要一种远见，有时需要一种刺激，冷静思考一下你的思想和摄影方法吧!

3. 拍摄方法 12 磨

（1）选择定焦 — 磨焦段。

选择一支定焦镜头，可以是任何焦段；

固定使用变焦镜头其中一个焦段拍摄；

选择有点难度的，可以选择不常用的焦段。

希望：重新学习如何构图。

（2）选择手动对焦 — 磨对焦精度。

重新认识焦点。

希望：我们已经太过依赖相机的自动对焦

功能了，要克服因循与懒惰。

（3）选择固定一档光圈 — 磨景深。

在一天的不同时段；

拍摄不同的被摄体；

拍摄相同的被摄体。

用光圈优先模式好像较容易完成这门功课，但在拍摄大量不同事物时，则是不容易的。

希望：认识更多关于景深的事，也会思考如何在曝光时平衡快门速度与 ISO 值。

《年 代》 摄影 赵洪超

拍摄数据：Canon EOS 5D Mark II　　F8　　1/125 秒　　ISO4 000　　白平衡 自动　　曝光补偿 −0.3

（4）选择固定一档快门速度 — 磨画面效果。

很快？很慢？选择一档快门速度。

用固定一档速度的方法，在持续拍摄不同东西时，会遇上很多困难，这会是有趣的练习。

希望：理解运动体的速度与相机速度的关系

（5）选择固定拍摄地点 — 磨抓拍。

选择一个热闹的地点。

连续拍满一个存储卡。

希望：提高观察与扑捉能力。

（6）选择 M 档 — 磨曝光量。

可能为了方便，你已经很久没有手动处理曝光了。

希望：重新回到手动模式，观察更多曝光效果。

《枫桦秋韵》 摄影 肖冬菊
拍摄数据：Canon EOS 5D Mark II　F7.1　1/40 秒　ISO200　白平衡 手动　曝光补偿 –1

（7）选择利用规则 — 磨构图。

选择一种法则，例如三分法，然后一张卡都用同一个法则拍摄。

另一个做法是，一张卡都不遵从这个法则，不断打破它，同时却要拍出好的作品。

（8）选择"复制"大师作品 — 磨理解。

找一个你喜欢的摄影师，然后尝试"复制"他的作品，在过程里你会遇到很多困难，这些困难就是你要学习的东西。

希望：得到启发。

（9）选择唯一技巧 — 磨精湛。

不断使用同一种摄影技巧，钻研它、发掘它、了解它，用来尝试各种你所遇见的东西。

希望：真正掌握一种技巧，把该技巧变成思维的一部分。

（10）选择钻研光线 — 强化视觉感受。

钻研一种光线的运用，可以是自然光、窗户光、人像灯光、剪影、烛光之类。

希望：吃透某种光线，变成你的能力。

《缤纷的五月》 摄影 王时

拍摄数据：NIKON D7000　　F5.6　　1/800 秒　　ISO100　　白平衡 自动

（11）选择改变视角 —— 磨感觉。

围绕一个被摄体拍满一个存储卡。

希望：变焦镜头的充分利用（原地推拉、前进、后退）。

（12）换工具 —— 刺激兴奋点。

换相机？

换镜头？

添附件？

没钱，建议你把房子卖掉吧！

当然，这是幽你一默，可所有的拍摄方法都是建立在工具的基础上的，及时更换更好的工具，也是一种刺激，一种挑战。

就拿我来说，从开始接触数码相机到现在，已经更换了 17 茬了，每次换新相机，都是期待、兴奋、研讨、实验，到熟练操作，这个过程是一种幸福的折磨，像孩子得到一个新玩具的感觉。

《曲径通幽》 摄影 李春林

拍摄数据：Canon PowerShot SX40 HS　F8　1/15 秒　ISO100　白平衡 手动

拍摄方法的自我训练

训练的目的是积累经验，是提高摄影人的分析与判断的能力，对每一种方法的流程、要求、难点、操作的熟练性、被摄体的观察方法等，只有反复地练习，才能真正掌握。

把拍摄方法变成自己的一种技能，一种思维方式，一种表现手段，为最终表达自己的意图打基础。

通过拍摄方法训练领悟到该方法中的奥妙，包括思维的方向、相机的设置、拍摄时的正确操作、对结果的判断、改进方法等，

最终目的：培养艺术感觉。

我从"准备、构思、观察、构图、相机设置、拍摄操作、验证、改进与结果的满意度"这八个方面，概括每一种拍摄方法的实战过程与操作步骤，用"虚化"这个拍摄方法来举例。

《歌舞昇平》 摄影 张玉田

拍摄数据：NIKON D800　F3.5　1/25 秒　ISO1 600　白平衡 自动

《金山暮色》 摄影 徐国庆

拍摄数据：NIKON D300S　F8　1/125 秒　ISO200　白平衡 自动　曝光补偿 −0.7

1."虚化"拍摄方法的流程

（1）两个准备：

一个是知识点准备，虚化的四要素（大光圈、长焦距、近摄距、远背景）

另一个是器材准备（单反相机、变焦镜头）。

（2）构思：

为什么要虚化（突出主体、减少干扰因素、美感）？

你能虚化什么（背景、前景、主体、全虚化）？

（3）用"虚化的原理"去观察：

用虚化的原理去寻找被摄体；

明确我要表达什么感觉？

器材的能力（用镜头去观察）。

（4）构图：

清晰、突出的主体；

环境的感觉（明暗、色彩与光斑分布）。

（5）相机设置：

光圈（A 的设想）；

速度（S 的设想 如风中的植物）；

补偿（解决明暗问题）；

焦距（解决虚化效果问题）；

白平衡（解决色彩问题）；

照片风格：锐度、反差、饱和度（画面效果问题）；

测光方式选择（解决画面影调问题）。

（6）拍摄时的操作：

画幅形式（横幅、竖幅、异形画幅）；

对焦点（验证、手动选择自动对焦点）；

释放快门的方法（两段式释放、快门锁定）；

稳定相机的方法（手持、独脚架、三脚架）。

（7）验证：

画面清晰度；

构图是否满意；

瞬间是否正确；

虚化效果的程度；

色彩感觉是否符合拍摄意图。

（8）改进的手段与结果的满意度：

什么地方不满意？

改进的手段，从两方面入手：

一是，调整相机设置；

二是，调整构图。

《三人同行》　摄影　肖冬菊

拍摄数据：Canon EOS 5D Mark II　　F5.6　　1/160 秒　　ISO100　　白平衡 手动　　曝光补偿 −0.7

2. 你掌握了多少种拍摄方法?

10种宏观拍摄方法都会：

抓拍、摆拍、偷拍、追拍、等拍、

试拍、盲拍、乐摸、自拍、连拍。

3. 拍摄方法的 10 大基本功

选择画幅；

选择景别（远、全、中、近、特）；

选择拍摄高度（举、站、蹲、躺、仰）；

选择拍摄角度（正、侧、背、45 度咱也会）；

单幅、组照、接片；

控制景深；

最佳光圈的方法；

利用三脚架拍摄；

使用遥控器；

使用快门线。

4. 拍摄方法的 6 大控制

控制镜头的方法：定焦、变焦、移轴、鱼眼、超广角；

控制影调的方法（高、中、低、硬、软）；

控制速度的方法（凝固、模糊）；

控制光线的方法（顶、顺、斜、低、逆、侧光不放弃）；

控制色彩的方法（浓烈、淡雅、怀旧、黑白）；

控制滤镜的方法（UV、偏振、减光、渐变、效果镜）。

为啥你不飞?

学习有点累，有些还不会。

有人心里暗自说：

不是吹，这些我都会……

别客气，

可以放单飞！

195

拍摄方法，美的感觉提炼

我选择了 38 个关键词，来阐述我在拍摄时的感觉，我在寻找什么感觉？说白了一句话，美的感觉。每一种感觉都需要思考拍摄方法，选择拍摄方法，来表现这种感觉。用具体的被摄体来物化这种感觉，是每一个摄影人都必须经历的环节。作品是创作中感性与理性的碰撞，是创作激情与冷静的操作的结果。我给出节点，你慢慢理解和体会。

先谈一下我对美的认识，美是什么？
美是摄影人的一种精神生活的观念。
美是主观的？还是客观的？
美是摄影人对一种事物的认识、反映、判断和评价。
关于摄影美，摄影拍摄的学问，是从摄影人对拍摄方法的感觉开始！

《海燕》 摄影 吕乐嘉
拍摄数据：Canon EOS 5D Mark II F11 1/250 秒 ISO100 白平衡 自动

1. 美的感觉：清晰

得到清晰画面的五个要素：

持机能力，最慢速度是镜头焦距的倒数；

对焦方法，最好是手动选择自动对焦点；

焦点正确，合焦后，轻点快门按钮验证；

光线质量，判读后，调整相机详细设置；

心态不燥，实时显示＋手动调焦＋三脚架。

操作密码：表现摄影人的拍摄行为，用胡杨树做框架，把人物拍的很小，同时，合理使用光线，使画面产生空间感。

拍摄数据：NIKON D700　F11　1/25 秒　ISO500 白平衡 自动　曝光补偿 –0.3

《取景器里寻故事》 摄影 张桂香

---

2. 美的感觉：独特

特别的东西永远都能引人注目，要让照片变得有趣，就去找与众不同的事物。

寻找机会，拍摄能令你的观众耳目一新的、有趣的被摄体。

操作密码：拍摄珠海航展，不是谁想拍就能得到的机会。快门速度要快，才能凝固高速飞行的战机，构图要注意语言的恰当，标题要和主题相得益彰。

拍摄数据：NIKON D800　　F5.6　1/4000 秒 ISO250　白平衡 自动　曝光补偿 –1

《国防之魂》摄影 于洪亮

3. 美的感觉：想像

画面展示的情节，扑朔迷离，让人去分辨、去想像、去补充故事的内容。

让人琢磨与诠释的作品是好作品的标志之一。

操作密码：在拍摄现场可以直接对准被摄体拍摄，也可以间接的利用商店的橱窗的映射，来进行表现，画面语言丰富了，内涵多元了。利用后期的处理使画面达到某种效果，也是常用的手段，该作品用的是Photo shop 里的"塑料包装"与"海报边缘"滤镜。

拍摄数据：NIKON D7000 F5.6 1/125 秒 白平衡自动

《模特眼中的世界》 摄影 方以珍

4. 美的感觉：创意

所谓"创意"就是我们平常说的"点子"、"主意"或"想法"。

当中也包含了感性，包含了艺术的气质，包含了美学的内涵。

操作密码：球状全景的制作目的，是用奇特的视角，让本来很平凡的东西变得不平凡，有点超现实的味道。在 PS 里打开一张全景照片，要求是照片左右两端的景物要尽量能在一起，两端的曝光不能差很多。通过"图像大小"选项，将图像压缩成正方形，然后将图旋转 180 度。选择"滤镜"选项→扭曲→极坐标。再细心的修一修，让接口不是很明显。

拍摄数据：Canon EOS 5D Mark II   后期用Photoshop 处理

《好大一棵树》 摄影 史颖

5. 美的感觉：视觉美点

每一个题材，不论它平淡还是宏伟，重大还是普通，都包含着视觉美点。

寻找、发现、思考、布局，利用美点创作是聪明的手段。

操作密码：峡谷的肥水期，涛声震耳，激流汹涌，气势磅礴，选择拍摄点是作品成功的关键，下面看台上的人群，成为视觉的美点，作为比例增加了作品的空间感。

拍摄数据：Canon5D Mark II　F5.6　1/320 秒　ISO100　白平衡自动　曝光补偿 −0.3

《虎跳峡》摄影 黄仁岗

6. 美的感觉：空气透视

空气透视是指远处物体细节模糊不清的一种视觉现象。

空气透视是由于大气及空气介质（雨、雪、烟、雾、尘土、水气等）使人们看到近处的景物比远处的景物浓重、色彩饱满、清晰度高等的视觉现象。

空气透视能够使画面产生十分迷人的效果和意境，能给作品提供深度空间感。

操作密码：北方冬天的漫天大雪是很好的摄影题材，越野车带起来的雪雾，给画面一种朦朦胧胧的美感，特别是红色尾灯给画面带来亮点。场景比实际测光要亮，加点曝光负补偿是正确的选择。

拍摄数据：NIKON D90 F10 1/1 250 秒 ISO200 白平衡 自动　曝光补偿 −1

《穿越雪谷》　摄影　王长春

7. 美的感觉：变形透视

运用宽广的视角、透视感以及变形效果创造出独具风格的照片，具有一定的视觉冲击力，是非常值得一看的。

运用广角镜头可以达到这种效果，而且离被摄体越近，效果越强烈。

操作密码：用 17mm 焦距向上仰拍，线条汇聚，达到了变形夸张的效果。

拍摄数据：Canon 5D Mark III　F16　1/125 秒　白平衡自动

《崇高》 摄影 杨晓红

---

8. 美的感觉：线条透视

摄影"透视"的目的，是在平面上表现出立体空间的视觉感受。

主观加强线条透视的方法有 4 种手段：

一是，相机靠近景物，以小光圈拍摄；

二是，根据拍摄对象本身的线形情况选择好拍摄角度，以便产生汇聚或重复效果；

三是，充分运用前景来增加近大远小的线条透视效果；

四是，运用短焦距镜头拍摄。这种镜头拍摄的画面本身就产生近大远小的效果，从而加强画面线条的汇聚效果，造成画面深度空间感。

拍摄数据：NIKON D700　F4　1/160 秒　ISO400　白平衡 自动

《招聘》 摄影 何兰英

9. 美的感觉：简洁

简洁不是简单

简洁是语言里的诗

选择简单的背景和陪体是个好办法

空灵——是简洁的最高境界

摄影是减法思维

创造性地找到简洁的方法：

一是，光线。最好是逆光或束光；

二是，恶劣的天气。如雨、雾、烟、尘等；

三是，大量留白。如单色背景、天空、水面等；

四是，趣味点。把其他的语言虚化掉。

拍摄数据：NIKON D300S F5.3 1/40 秒 白平衡 自动 后期 Photoshop 处理

《素 描》 摄影 周志昆

---

10. 美的感觉：压缩

影调压缩。

去掉中间调。

突出要表现的被摄体特征。

回忆往往是粗线条的。

相机设置：单色，把反差调高，曝光补偿加 +1 或 +2。

操作密码：选择拍摄的主体很重要，最让我难忘的是江南的白色建筑。在操作相机时，可以设置成"单色"，在"详细设置"里调整"反差"往大反差调整，也可以适当调整大一点的"锐度"。曝光补偿也可以适当加一点，形成高调效果最好。

《徽州的记忆》 摄影 李继强

11. 美的感觉：角度

25 种角度的变化会给你的作品带来深层次的构思，慢慢体会他。

光，影，形，色，质；

线，面，曲，思，情；

幻，悟，真，梦，虚；

高，中，低，俯，仰；

正，侧，斜，背，垂。

灵活运用多角度，每次拍摄都是一次富有激情的，拍摄感觉的体验。

操作密码：栅栏、树木、雨伞…互相望着、依偎着，多好的生活画卷。

拍摄数据：SONY DSC-T10 F3.5 1/60 秒 白平衡 自动 风景模式

《相依相伴》 摄影 高晓棠

---

12. 美的感觉：细节

细节是摄影在所有记载形式中体现出来的非同寻常的地方。

摄影是细节捕捉的艺术。

必须重视每一个细节对图片的影响。

干扰的、帮助的？

操作密码：雕塑对于摄影来说，是很好的拍摄题材，但很难拍，雕塑本身有自己的语言，摄影不是仅仅记录一下，而是再创作。这张作品的摄影者，对雕塑的含义有很深的理解，拍摄季节选择的好，表现了街头艺人的辛苦；拍摄的技术把握好，表现了雕塑的质感和沉重的环境；拍摄的角度选择的好，把情节表现的很到位；配体扑捉的好，把猫咪作为画面的组成部分使构图鲜活，增加可读性。标题不乏幽默，但品味后，有点"少年不知愁滋味"的感觉。

拍摄数据：Canon 5D Mark II F2.8 1/60 秒 ISO1 250 白平衡 自动

《粉丝》 摄影 赵洪超

13. 美的感觉：背影

背影有四个思考的节点：

一是，背影一般情况下是指人的后面；

二是，看不见面孔和表情；

三是，营造氛围，注重环境；

四是，象征的成分较多。

　　操作密码：暖暖的海风，软软的沙滩，留在海边的何止一串串脚印，还有两道深深的辙，印在观看者的心灵深处，夕阳下长长的投影，向幸福延伸……

　　拍摄数据：Canon 5D Mark III　F13　1/400 秒　ISO 160　白平衡 手动 多云

《祖孙三代》 摄影　张淑静

---

14. 美的感觉：剪影

形成剪影有六个思考的节点

一是，光线方向最好是逆光；

二是，选择被摄体熟悉的轮廓；

三是，要注意测光点应在亮区；

四是，不要与其他景物重叠；

五是，对焦点要在主体上；

六是，相机设置应按意图调整。

　　操作密码：海浪、沙滩、情侣，反衬出的孤独，拍摄者的观察很细致，瞬间抓取的恰到好处。

　　拍摄数据：NIKON D300S　F14　1/800 秒　ISO200　白平衡 自动　曝光补偿 +0.3

《孤 独》 摄影　周志昆

15. 美的感觉：倒影

到水边第一个要观察的要素就是是否有倒影。

拍摄角度越低，倒影越长。

构图注意对称。

选择无风时拍摄。

拍摄数据：Canon EOS 50D　F5.6　1/3 200 秒 ISO100　白平衡 自动　曝光补偿 −1

《静溢之美》 摄影 凌 波

---

16. 美的感觉：局部

以突出被摄主体的神情、质感和局部细节为主。

特写是一种方法，向被摄体靠近。

长焦也是一个好帮手，推出去，把被摄体拉近、拍大。

微距是最强烈的表现手段，清晰的局部最吸引眼球。

操作密码：在北方的春天，拍摄残冰也是题材之一。突出冰溜的质感暗背景用的好；融化的水滴抓取的瞬间恰到好处；焦点选择的准确，突出了细节；框式构图收拢了视线，有利于表现。

拍摄数据：Canon 5D Mark II F5 1/800 秒 ISO100 白平衡自动

《融》 摄影 高文新

17. 美的感觉：瞬间

瞬间是指动作在很短时间内完成，无延续性，是摄影的看家本事。

先构图后对焦？构好图后手动调整焦点。

先对焦后构图？对焦后锁定焦点。

操作密码：十字架上落只和平鸽的画面，标题是寄托，构思真好，机会来的真是时候，瞬间抓取的也合适。

拍摄数据：NIKON D90　F5.6　1/400 秒　白平衡自动　曝光补偿 -0.3

《寄托》 摄影　郁嘉莉

18. 美的感觉：画意

表现个性。

唯美。

油画？国画？

加上诗句也是一种表达的途径。

一种艺术借鉴另一种艺术是有趣的、聪明的思维方式。

操作密码：小光圈、长曝光，对于有人物的夜景，实在是一种冒险，也是一次有意思的试验。

拍摄数据：NIKON D3　F14　30 秒　ISO400　白平衡 自动　曝光补偿 +2

《落叶时节又逢君》 摄影　那静贤

19. 美的感觉：图案

图案"顾名思义"即：图形的设计方案。

可以是人文的雕琢，更可以是大自然的杰作。

可以是对称的、可以具有节奏性。

更可以理解为造型结构、纹理样式等。

操作密码：无论你的器材有多好，曝光和对焦多么精准，没有好的构图，也拍不出一张好照片。构图本质上就是选择纳入镜头的物体，用何种角度和形式去表现它。摄影不仅仅是光的与时间的艺术，更是选择的艺术。

《七彩丹霞》 摄影 张桂香

---

20. 美的感觉：高调

利用环境构思。

拍摄时常用正面光或散射光，适合表现以白色为基调的题材。

高调照片的色调是以白为主，一般白色要占 75% 至 95%，高调照片的用光，一般都采用没有强烈方向性的柔和光线。

拍摄数据：NIKON D80 F11 1/25 秒 ISO100 白平衡 自动 曝光补偿 +0.7

《是你吸引了我》 摄影 于庆文

21. 美的感觉：低调

低调又称为"暗调"，它的基本影调为黑色和深灰，可以占画面的 70% 以上，给人以凝重庄严和含蓄神秘的感觉，有较为强烈的冲击力。

拍 摄 数 据：Canon EOS 5D Mark II　F5.6　1/320 秒　ISO2 000　白平衡 手动

《陶醉》　摄影　黄仁岗

22. 美的感觉：梦幻

将梦境中发生的，或想象中的梦境场景，用摄影表现出来，使观者看到作品时，仿佛界于现实与梦幻中。

排列上的变化、数量上的激增、或是空间位置的移动，都会有种梦境的感觉。

低调作品应选择黑色调的背景，让主体完全衬在黑色基调上，使低调作品看起来沉实稳重，好像带点哀伤。

低调作品挑战你对曝光有多了解。

把影像保持至最黑，并从最黑中保留细节。

利用点测光。

曝光补偿里在负补偿是常用手段。

《静静的夏日》　摄影　李继强

23. 美的感觉：故事

讲故事的方法多种多样，需要注意三个要点：节奏感；细节的挖掘；夸张的表现。当然，对故事的熟悉和喜爱是前提。

俗话说，－一张照片胜过千言万语。

我喜欢摄影有许多原因，最主要的原因是一张作品（或一个作品系列）有向观者传达故事的能力。

一张作品具有传达情感、气氛、叙事、思想和信息的能力 ---- 所有这些都是讲述故事的重要元素。

拍摄数据：Canon EOS 5D Mark II F8 1/250秒 ISO 200 白平衡 自动 曝光补偿 －1

《沉重的逆光》 摄影 李继强

24. 美的感觉：情绪

情绪是人与人之间沟通的强大语言，越能捕捉情绪，越能牵动读者的心。

摄影的世界中充满了无限丰富和不断变化的色彩，而色彩影响情绪。

鲜艳的色彩立刻可以成为照片的趣味中心，有力地吸引人们的注意力。

决定色彩轻重感觉的主要因素是明度，即明度高的色彩感觉轻，明度低的色彩感觉重。一般来说，暖色黄、橙、红给人的感觉轻，冷色蓝、蓝绿、蓝紫给人的感觉重。

色彩是摄影者把心理感受和感情世界外露化的展现手法。

拍摄数据：Canon EOS 550D F11 1/50 秒 ISO200 白平衡 自动 曝光补偿 －1

《红与黑》 摄影 王夏红

25. 美的感觉：虚化背景

浅景深控制的四要素：

光圈、摄距、物距、远背景。

目的：减少语言、简洁画面。

所谓虚化，最简单的说法是主体与背景之间那种主体清楚背景模糊的效果。这种效果受到摄影爱好者欢迎，主要是能突出主体的立体感，感觉也更舒服和谐。特别是人像摄影，虚化可以说是必备元素之一。这种效果又被称为"浅景深"效果。

拍摄数据：Canon 5D Mark II   F3.5   1/20 秒 ISO200   白平衡 手动

《初试摆拍》 摄影 于排娟

---

26. 美的感觉：质感

在摄影中，质感是指画面中主体内容的清晰度和立体感很好，给人一种质量的感觉。

聚焦的准确；

适当的景深效果；

颗粒要足够细腻；

适当的阴影关系。

操作密码：当你触摸某个表面、物体或布料时的感觉，比如粗糙、顺滑、坚硬或柔软等这种感觉是质感。

在提到质感的时候我们一般都是指如岩石或木头等主体的表面部分。在风光摄影中摄影师经常等待太阳直射以表示沙丘岩石和耕地的质感。

较好地表现物体的质感有助于实现影像同景物的相似，使观赏者通过作品能确切地感受被摄体。

《回忆的节点》 摄影 李继强

27. 美的感觉：逆光

逆光拍摄会造成大面积阴影，它是构成画面暗调效果的重要因素。

暗的背景又是藏拙的理想手段。

逆光拍摄花卉、植物、人物、动物等轮廓清晰、质感透明的景物时，应选择较暗的背景予以反衬，曝光时以高光部位为测光依据，以造成较强的光比反差，强化逆光光效，达到轮廓清晰，突现主体的艺术效果。

拍摄数据：Canon EOS 5D Mark III　F16
1/500 秒　ISO200　白平衡 自动　曝光补偿 −0.7

《十月芦花》 摄影 史苍柏

28. 美的感觉：散射

光的散射，是指光源发出的光线在到达地面景物之前，遇到遮挡和干涉后产生的一种现象。

没有方向性，是抒情的，柔美的，也是晦暗的，多元的。

散射光能营造出一种特别的气氛。

散射光有利于突出画面中的主要形象，提高作品表现力。

散射光的特点是均匀柔和，被照射的景物和人物没有明显的受光面，也没有明显的投影。其带来的不足是画面平淡，影纹微小，缺乏立体感。

《放 纵》 摄影 李继强

29. 美的感觉：区域光

区域光是指景物的某一区域被光线照亮。

在自然界中，特别是在多云的天气条件下，经常能遇到这种光线。由于云朵的阻挡，阳光不能普照大地，而被区域性地分割成束光。

《恰当的时间》 摄影 李继强

操作密码：区域光一般出现在早晨和傍晚。我喜欢用评价测光模式这是一种非常可靠的测光方式，几乎所有的拍摄题材中都适用，拍摄那些既需要表现主体，同时又需兼顾整体曝光量的内容，就需要选择该测光方法。把对焦点手动调整到亮区对焦，如果画面的暗区太暗，可以后期用选区的方法提亮。

---

30. 美的感觉：弱光

弱光的光源是多样性的，光线的照度很小，被摄景物的光比反差小，色彩还原很差，景物的层次和质感都会因光线的微弱而受到很大的影响。用弱光作为主光源拍摄的作品有很强的神秘感，对意境的表现十分有利。

《风停雪凝夜》 摄影 王夏红

拍摄数据：Canon EOS 550D F4.5 1/50 秒 ISO200 白平衡 自动 曝光补偿 -2.7

31. 美的感觉：黑白

摄影本身记录的是光，而非颜色。

通过照片来表达氛围。例如，使用浓重阴影的暗调可以描述悲伤或空虚的情绪；

使用明亮及顺滑的质感传递开放和自由的感觉。

操作密码：黑白是极端的颜色，它的持久魅力来自于它鲜活生动的影像效果及其独特表达情感和渲染气氛的方式。

没有色彩的区分，摄影作品中的多种元素很难脱颖而出。因此，摄影师必须加倍注意用光，纹理和构图等基本框架。

《暗角》 摄影 李继强

---

32. 美的感觉：动感

动与静的感觉可以是慢速快门的行为，也可以用快速来追随。

动感是摄影造型的表现方法，具有独特的感染力和其他艺术形式难以比拟的美学情趣。

动感表现法是动体摄影的一种重要表现方法。动感表现，常采用虚实对比的方法和动静对比的方法来强化动感的表现。

拍摄数据：NIKON D80　F11　1/30 秒 ISO100　白平衡 自动　曝光补偿 −0.7

《神奇的红草滩》 摄影 于庆文

33. 美的感觉：框架

把读者的视线留在框架里。
制造框架的技巧在于观察。

操作密码：要注意两点：一是，寻找前景做框架，中景远景要饱满，使整个画面产生美感、空间感、透视感；二是，利用环境中的什么景物充当框架，使框架与画面的内容产生联系。

《裁 判》 摄影 李继强

---

34. 美的感觉：留白

只有单一色调，而没有影像的部分，如天空、水面以及照片的背景等，谓画面的留白。
解决"视觉停留"问题。
主体的运动方向。
留白是一种智慧，也是一种境界。

拍摄数据：Canon EOS 600D F22 1/2 秒 ISO100 白平衡 自动 曝光补偿 -2

《安静的山脚》 摄影 徐娜

35. 美的感觉：曝光
解决画面明暗效果。
自动曝光。
干预手段：曝光补偿。

操作密码：摄影说简单点就是对光与影加以控制实现各种我们想要的效果，而曝光就是其中一门很重要的技巧。要了解各种曝光模式的原理，创造性地使用测光模式，适当调整感光度来保证快门速度，是作品成功的基本保证。

《阳光 下的小憩》 摄影 李继强

---

36. 美的感觉：抽象
所有构成具象的局部或者细节都是抽象的。
灵感和选择是关键。
目的：想象的余地和延伸的空间。

操作密码：这是一个 75 岁的老学员拍摄的，他热爱生活，摄影技艺精湛，后期更是驾轻就熟。这是在 Photoshop 外挂滤镜里的效果。

《颗粒还仓》 摄影 白兆宽

37. 美的感觉：唯美

唯美是一种观念，是一种思维方向，也是一种审美境界。

唯美是以艺术的形式美作为绝对美的一种艺术主张。

真正的唯美应该是从自然与真实出发，从生活里去寻找和发现一切美的经验，这样的唯美才是比较健康的。

操作密码：开大光圈，尽量提高快门速度，如果快门速度不够，可以用提高感光度的方法来达到目的。相机的驱动模式设置到高速连拍，以数量保证成功率。

《瞬》 摄影 李继强

---

38. 美的感觉：烘托

烘托本是中国画的一种技法，用水墨或色彩在物象的轮廓外面渲染衬托，使物象明显突出。

用于艺术创作，是一种从侧面渲染来衬托主体的表现技法。

目的：使要表现的事物更加鲜明突出。

最后说一句：

在碎阅读的时代，要给出完整的信息；

在浅阅读的时代，要给出深刻的思想。

我的目的达到了吗？

拍摄数据：NIKON D80　　F8　　1/1 600 秒　ISO200　白平衡 自动　曝光补偿 −0.7

《影像传情》 摄影 张广慧

后记

　　对于摄影来说，拍摄方法的重要性不言而喻，既是对工具的理解和操作，也是对审美和思维的考验，更是智慧摄影的实现手段。

　　对于摄影人来说，长篇大论记不住，点出操作要点、节点，便于记忆，是我写作该书的主导思想。

　　拍摄方法主要用作品来说话，该书得到下列摄影学员的作品支持，他们是唐儒郁、万继胜、肖冬菊、赵云祥、何晓彦、张惠珍、李英、吕乐嘉、吕善庆、李胜利、苗松石、高怀茂、侯云义、周莉、李春林、史苍柏、安吉柱、于庆文、张桂香、张广慧、刘成华、霍英、郭聚成、王时、王际茹、王彩霞、刘林、赵洪超、王长春、何兰英、周志昆、凌波、那静贤、方以珍、杨晓红、高晓棠、黄仁岗、王夏红、于洪亮、李长江、张田玉、郁嘉莉、徐国庆、史颖、于排娟、张淑静、徐娜、白兆宽、刘凤鬗、邹玉萍、陈书武、赵玉芝、高文新、刘准增、冯慧云、王家树、张山。在此表示感谢，并对他们的作品表示认可和赞许。

　　摄影需要静下来、需要时间、需要态度、需要投入、需要理解自己，理解自己要表达的东西，摄影的方法是必须熟悉或把握的，我们一起努力吧。

李继瑶

2012.12.12